## 水俣学ブックレット刊行にあたって

　水俣市月浦で2歳11カ月、5歳11カ月の二人のあどけない女児の発病を契機に水俣病が公式に確認されたのは1956（昭和31）年5月で、今年で50年になる。

　昭和30年代には日本は「もはや戦後ではない」と言われて、まさに高度経済成長の坂道をなりふりかまわず駆け上がる真っ只中であった。経済発展とともに技術もまた驚異的に発達し続けており、わたしたちの暮らしは確実に豊かに便利になりつつあった。戦中、戦後の飢えから飽食の時代へさしかかろうとしていた。メディアも活字とラジオの時代からテレビ、映像の時代へと大きく転換しようとしていた。夢であった自家用車ももうそこまで、手がとどくところまできていた。街に自動販売機がお目見えして人々を驚かせた。

　そのような経済発展に伴って、国際的にも日ソ平和条約が締結され、国連加入が認められて経済大国の道を進んでいた。華々しいメジャーな動きに取り残されるように、その裏で、各地で負の部分が蓄積されていたのである。1970年代に全国的に起こった公害反対運動と公害裁判などはそのマグマの噴出であり、棄民（きみん）の蜂起であった。

　水俣では当時の先端技術で利便性がすぐれたプラスチック、ビニールが華々しく登場し、時を同じくして漁業など一次産業が衰退し、人口の都会への流出が進行していた。そのような背景に水俣病が起こったことは象徴的であった。

　それから半世紀たった今、私たちは水俣病事件をさまざまな視点から再検証して、現代の問題に迫ろうとしている。市民に開かれた参加型の研究、地元に還元できる研究の拠点を目指して水俣学研究センターを熊本学園大学（熊本市）と水俣市現地に開設した。そして多様な活動を展開しようとしている。今回の「ブックレット」の発刊もその一つである。

　IT技術が飛躍的に進歩・普及して学習や参加の形態も大きく変化している。インターネット、ホームページ、ウェブサイト etc.…この時代にあえて活字出版を選んだのは、多くの人に水俣病を取り巻くさまざまな情報を提供するばかりでなく、水俣病が先端技術の負の部分であったことも意識してのことでもある。懐かしく、やさしく、平易で思わず手に取りたくなるような、それでいて現在の時を刻む活字（ブックレット）を目指したい。

　研究センターの編集、出版物としては専門性がないという批判が出ることも予想している。それがまた、オープンリサーチセンターの特徴の一つであり、目指すものの一つでもある。気軽に多くの方に読まれ、利用されることを願っている。

2006年5月1日　　熊本

JN046061

# 目　次

# 水俣を歩く前に

　水俣病が 1956 年に公式確認されて67 年が経過しました。このガイドブックに紹介されている場所や地域で一体何があったのか、何を教訓とすべきなのか。今なお残されている問題は何なのか。五感をフルに働かして考えてみましょう。また同時に、自分の生き方や、私たちの暮らしや社会のあり方を問い直してみましょう。

　このガイドブックを手にして、自分ひとりで、また友人と一緒に水俣のまち、工場周辺、患者の多発した漁村地域などを歩き、「水俣」という鏡に自分の生活を映し出してみて下さい。

　このガイドブックには、様々な立場で、永年にわたり水俣病事件と向き合い、格闘してきた人々の「想い」が沢山こめられています。そんな人と一緒に水俣を歩き、その人達の「想い」に触れる中で、水俣病事件と向き合うことも考えてみませんか。水俣に暮らす人々の生活や生き様を通して、ひとり一人がもう一度しっかり、水俣病事件のこれまでの歴史と現在に向き合うことが求められています。

　このガイドブックがブックレット③として制作されてから 15 年ちょっと経ち、水俣の町も変化しています。今回ブックレット⑱として、今の水俣をご紹介することに重きを置き、新版として発行することとしました。

　このガイドが、新たな気づきと、たくさんの人と人との出会いを生みだすものとなることを願っています。

# 地図活用法

## ■ 広域地図（P6）

チッソ㈱が排出した水銀によって汚染された不知火海沿岸地域の全体像を把握できる。

Map1 は水俣市、Map2 は芦北海岸、Map3 は御所浦・獅子島、Map4 は鹿児島県出水市を示した。各地域の位置を確認しよう。

八代市から水俣市にかけて芦北海岸県立自然公園に指定されたリアス式海岸には、井牟田漁港、杉迫漁港、田浦漁港、海浦漁港、牛の水漁港、福浦漁港、大矢漁港、合串漁港、福浜漁港、大泊漁港（Map2）、丸島漁港、湯堂漁港、茂道漁港（Map1）などの漁港が連なっている。そして、漁港を取り囲むようにして漁師（半農半漁）の集落が形成されている。海岸道路から脇道を下り、漁港を歩いてみよう。

また、対岸の天草市御所浦島には、大浦元浦、烏帽子、御所浦漁港、嵐口などの集落があり、烏峠に登れば、不知火海の 360°の眺望が広がる（Map3）。そして南に下った鹿児島県の長島町や出水市にも漁業が盛んな米ノ津港、名護港、福ノ江港などがある（Map4）。海上タクシーをうまく利用して、離島めぐりをしてみよう。

## ■ Map1 ～ 4

Map1 は、水俣市内のチッソ㈱（現 JNC ㈱）水俣工場周辺の水俣病事件に関連する施設や場所を含んでいる。水俣駅（E-4）、チッソ水俣工場周辺エリア（F-4）、埋立地・親水護岸エリア（E-2）、患者多発地区の月浦（D-3）、湯堂（C-3）・茂道（B-2）などが示されている。

Map2 は、芦北海岸・津奈木・芦北・女島・田浦、Map3 は、御所浦・獅子島エリア、Map4 は、鹿児島県出水市が示されている。出来れば時間をかけて、自分の足で歩いてみよう。

自分の足で歩いてみようと思う場所が決まったら、Map1 ～ 4 で近辺の水俣病関連施設や関連スポットを確認しよう。そして、施設やスポットについての解説を Map に示された施設・スポット名の上に示されている記号とページをもとに探して、じっくり読んでみよう。

それぞれの施設やスポットで気づいてほしいこと、考えてほしいことのヒントがつかめるだろう。

> **※チッソ㈱の表記について**
> チッソ㈱水俣工場は、2011 年に分社化し、JNC ㈱になった。
> 本ガイドブックでは、過去のことはそのまま表記している。

# 広域地図

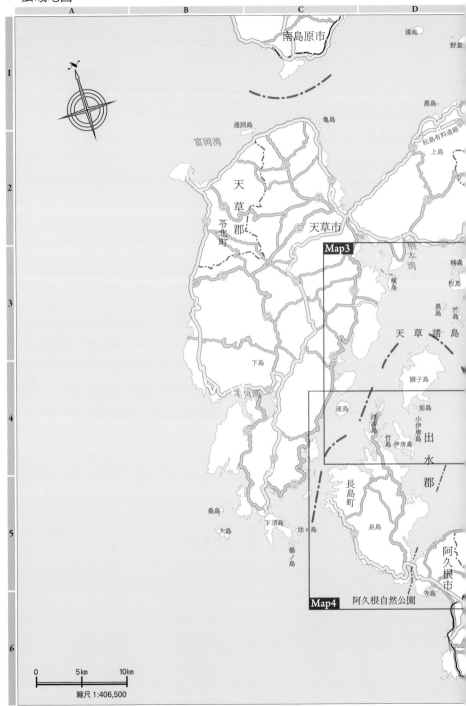

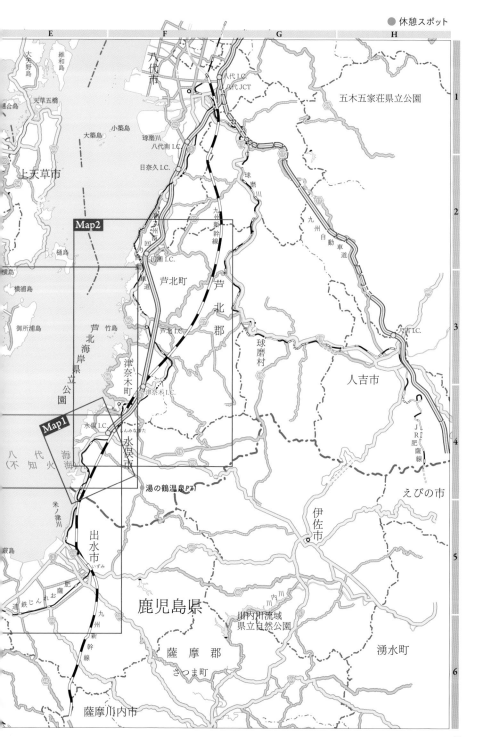

E　　　　　F　　　　　G　　　　　H

八代市
八代 I.C.
八代 JCT
五木五家荘県立公園

大奈野島
維和島
天草五橋
樋合島
小築島
球磨川
八代南 I.C.
日奈久 I.C.
大築島

上天草市

Map2
九州新幹線
九州自動車道
芦北町
芦北郡

樋島

横島
横浦島

御所浦島
竹島
芦北海岸県立公園
芦北 I.C.
球磨村
人吉市
人吉 I.C.

津奈木町
津奈木 I.C.

Map1
水俣 I.C.
みなまた
水俣市
JR肥薩線

八代海（不知火海）

湯の鶴温泉 P7

えびの市

米ノ津川

出水市
いずみ
伊佐市

蕨島

肥薩おれんじ鉄道
九州新幹線

鹿児島県

川内川流域県立自然公園

薩摩郡
さつま町

湧水町

薩摩川内市

7

## Map1　水俣市

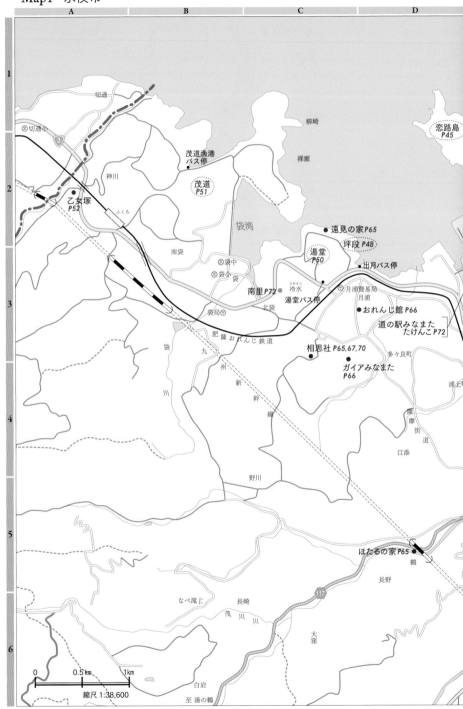

水護岸
*P43*

国立水俣病情報センター *P69*
熊本県環境センター *P69*

水俣メモリアル

石 *P44*

水俣市立水俣病資料館 *P67*
水俣病を語り継ぐ会 *P66*

明神町

コパーク
埋立地
*P40*

梅戸港
*P23*

祇園町

丸島漁港 *P46*

水俣病巡礼
一番札所 *P25*
百間排水口 *P24*

鶴岡食堂
*P72*

風季のとうパン工房
*P72*

チッソ水俣工場
正門前 *P22*

水俣二中

八幡残渣プール
*P26*

旧三本松社宅 *P30*

水俣二中

環不知火
プランニング *P70*
きぼう・未来・水俣
*P66*

旧採石場 *P38*

PO みなまた
6

チッソ旧工場 *P28*

三太郎餅本舗 *P72*

曽木の瀧 *P72*
アマンド *P72*
ッソ附属病院跡 *P33*
ンブランフジヤ *P72*

酔仙食堂
*P72*

がんぞー *P72*
水俣学現地
研究センター *P68.83*

築地・八幡
アパート *P30*

水俣病病院
白浜町

山王神社 *P36*
楽饅頭 *P72*
じょか堂
72

水俣高

喜楽食堂 *P72*

ナポレオン
心大将

博多製菓 *P72*

避病院跡 *P34*

国立水俣病
総合研究センター *P69*

ほっとはうす *P65*

もやい館 *P66*

56

エコネットみな
水俣高
俣環境
カデミア
66

水俣市役所

水俣一小

明水園

柳屋本舗
*P72*

水俣一小

桜ヶ丘

徳富蘇峰夫妻の墓

湯の児スペイン村
福田農場 *P72*

大戸道

水俣一中

牧ノ内

水俣 I.C.

湯の児温泉 *P71*

古城簡易局

水俣署
水俣芦北消防本部
水俣消防署

みなまた

# Map2 芦北海岸

● 見学スポット　● 休憩スポット

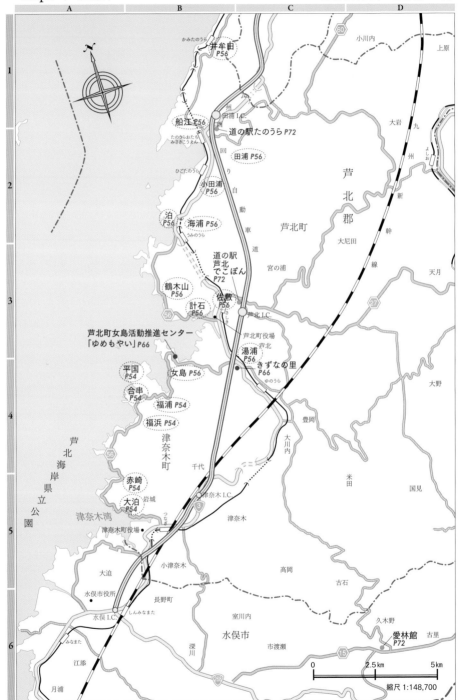

井牟田 P56

船江 P56

道の駅たのうら P72

田浦 P56

小田浦 P56

泊 P56

海浦 P56

道の駅 芦北 でこぽん P72

鶴木山 P56

計石 P56

佐敷 P56

芦北 I.C.

芦北町女島活動推進センター 「ゆめもやい」P66

湯浦 P56

きずなの里 P66

平国 P54

女島 P56

合串 P54

福浦 P54

福浜 P54

赤崎 P54

大泊 P54

津奈木 I.C.

愛林館 P72

芦北海岸県立公園

芦北町

芦北郡

津奈木町

津奈木湾

水俣市

0　2.5 km　5km

縮尺 1:148,700

*10*

## Map3　御所浦・獅子島

● 見学スポット　● 休憩スポット

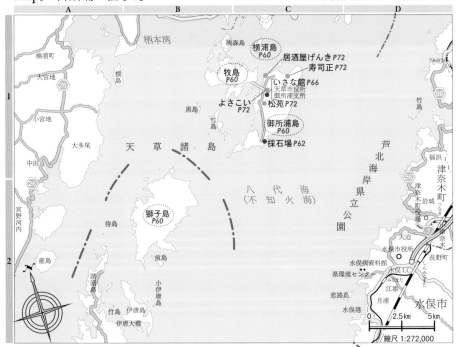

## Map4　出水市

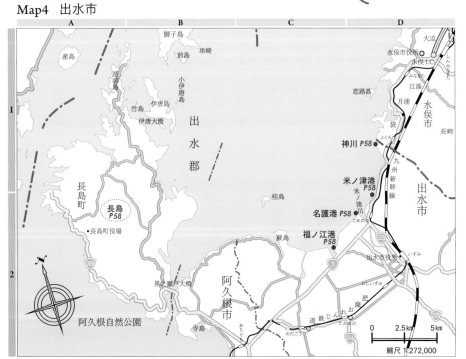

# 水俣病事件のあらまし

## ＜水俣病とは＞

　水俣病事件は、それまで人類が経験したことのない公害事件でした。産業活動によって生み出された有機水銀を含む有害物質が不知火海に未処理のまま大量に排出され、環境を汚染し、さらに重篤で大規模な人体被害をもたらしたものです。手足のしびれや痛み、視野の異常、運動失調などをはじめ多様な症状で苦しんでいる水俣病患者は多く、また、胎盤を通して汚染そして被害がもたらされる胎児性水俣病など未曾有の経験もしました。汚染そして被害は、水俣湾から天草や鹿児島県の長島、獅子島など対岸の島々まで不知火海全体に広がっています。

　2018 年 10 月現在、行政による認定を受けた患者数は 2,282 人（新潟は 715 人）、医療救済を受けている患者数は種々の制度を合わせて 7 万人を超えています。また、認定申請者数は 1,000 人を超えています。被害者数や地域の広がり、被害の深刻さなどの観点から見て未曾有の規模の公害被害がもたらされています。

## ＜被害の発生と拡大＞

　海の汚染は戦前から始まっており、漁業被害も何度も起きており、その都度チッソは金銭を支払って解決していました。昭和 20 年代の後半から地元医師らは原因不明の疾患の発生に気がついていたようですが、水俣病患者が発生したことが公式に報告されたのは 1956（昭和 31）年 5 月 1 日のことでした。

　この病を引き起こした有害物質、有機水銀を工程で使用し放出したのはチッソ（現 JNC）という会社です。発生当初は、何が原因か分かっておらず、伝染病が疑われました。しかし、伝染病ではないことはすぐに分かり、ついで会社の工場排水が疑われ、その年の秋には「ある種の重金属が魚介類を通して人体に影響を及ぼしたもの」とする報告がなされています。1959 年末、チッソは熊本県知事ら水俣病紛争調停委員会の斡旋により患者達との間に、チッソが原因と分かっても補償の請求はしないという条項を盛り込んだ悪名高い見舞金契約を結びます。

　また、チッソはサークレーターなるエセ浄化装置を設置し、排水はきれいだと宣伝して見せました。これは排水浄化にはなんら効果のないことがのちに暴露されました。その一方、発生当初より、国や熊本県は漁獲禁止措置も摂食禁止措置も排水規制措置もとることのないまま、1968（昭和 43）年までチッソは排水を流し続け、被害が拡大していきました。1965 年には新潟で昭和電工が流した排水により阿賀野川流域に第二の水

俣病が発生しました。

1968年になってようやく政府は公式見解を発表し、水俣病をチッソの排水を原因とする公害病と認めます。これによって、原因不明の奇病患者であった水俣病患者は、公的に公害の被害者であることが認められました。しかし、それから新たにまた患者達の苦難の道が始まります。1969年、患者達は責任を認めようとしないチッソを相手取って訴訟を起こします。1973（昭和48）年3月20日、チッソの加害責任が認められ、原告全面勝訴判決が下されました。その後、自主交渉で患者とチッソの間に補償協定が締結され、そののち行政によって認定された患者には、1600 ～ 1800万円の一時金、年金、医療費、介護手当等が支給されることとなりました。

## ＜被害者の拡大と患者運動＞

しかし、水俣病患者は原告のみにとどまらず、汚染は不知火海沿岸一円に広がっていたため、次から次へと認定申請をする患者が増えていきました。それに対し、国や県は「後天性水俣病の判断条件について」（1977年、環境庁企画調査局環境保健部長通知）という狭隘な認定基準を設けたため、認定されないいわゆる未認定患者が急増し、患者たちの直接交渉や訴訟が長年にわたって続きました。

1995（平成7）年になると、関西に移住していた患者たちの関西訴訟を除く患者団体や原告団との間に和解が成立し、政府解決策が実施され、約1万人が、水俣病とは認められないまま、一時金給付（260万円）や医療救済の対象となりました。

ところが、2004（平成16）年10月15日には、和解に応じなかった関西の水俣病患者たちの水俣病関西訴訟の最高裁判決が下され、水俣病事件史上初めてチッソとならんで国・熊本県の責任が認められるとともに、未認定患者であった原告たちは水俣病と認められ、損害賠償が認められました。

この最高裁判決以降、それまで声を上げることのできなかった人々が新たに救済を求めはじめ、認定申請した人数は6,000人を超え、また、政府が再開した医療救済制度である保健手帳発行数は2万人を超えていました。

これらの人々は水俣病特有の症状である感覚障害を有している人がほとんどであり、なかにはかつてのような重篤な症状を有する人や胎児性水俣病患者も多く含まれています。2007（平成19）年には新たに胎児性水俣病世代の訴訟および不知火患者会の国家賠償請求訴訟が起こされました。

このような事実におされて、国は 2009 年 7 月、水俣病被害者の救済及び水俣病問題の解決に関する特別措置法を制定し、チッソの分社化手続を定めるとともに、一時金（210 万円）及び医療救済をおもな内容とする新たな救済策を始めました。2012 年 7 月末に締め切られたこの救済策への給付申請数は約 65,000 人と、被害規模の大きさを改めて確認するものでした。

　これらの事実が示すのは、水俣病に対する差別や偏見が強く、水俣病であることを申し出ることができなかった人々がまだまだ多いということなのです。

＜新たな認定基準と被害者救済＞

　一方、水俣病認定申請棄却の取り消しを争っていた「認定義務付け」訴訟で 2013 年 4 月、最高裁は、水俣の溝口チエさんおよび大阪の F さんを棄却した熊本県の処分を取り消し、水俣病認定を義務づける判決を下し、感覚障害があれば、水銀の摂取状況等を総合的検討をして認定できるとし、複数の症状の組み合わせがなければ認定できないとする国側の主張を退けました。環境省は 2014（平成 26）年 3 月に複数症状の組み合わせがない場合の「総合的検討」について整理した新通知をだし、有機水銀の暴露を受けたとする客観的資料（数十年前の魚介類の喫食状況を示すもの、毛髪や尿中の水銀濃度、同一家族内の認定患者の存在など）を求めるものなどとしました。

　なお、2014 年 8 月末に、特措法に基づく救済措置の判定結果が公表され、熊本、新潟、鹿児島の三県で 38,257 人（うち一時金給付対象者は 32,244 人）が給付対象とされました。ただし、却下された約 1 万人の人たちに関しては、その理由などは公表されておらず、行政処分ではないとの理由から熊本県と鹿児島県では異議申し立ての道も閉ざされています。

　2023（令和 5）年末現在、チッソ、国、県を相手取った胎児性水俣病世代の水俣病被害者互助会の訴訟、新潟水俣病三次訴訟、ノーモア・ミナマタ第二次訴訟（熊本・新潟・東京）が係争中です。ノーモア近畿訴訟では、2023 年 9 月原告が勝訴しましたが、控訴され、継続中です。

＜水俣にまなび、公害のない未来の構築へ＞

　水俣病の発生確認から 67 年を経過してもなお、水俣病認定及び被害補償を巡って、被害者たちの訴えと行政の混迷が続いているということ自体が、被害者の救済と補償に関わる制度と政策の失敗のあらわれといえるでしょう。水俣病の経験に学び、公害のない将来の構築に活かしていただければ幸いです。

# 水銀条約の締結と水俣

　2013（平成25）年10月10日熊本市で、水銀規制に関する水俣条約が締結された。2017年8月16日に発効している。2018年12月末現在、128の国とEUが調印し、102カ国が批准している。国際的な慣例に従えば、締結会議の開催地名をとって、熊本条約となるはずが、2010年水俣病犠牲者慰霊式に出席した鳩山由紀夫首相（当時）の発言から、水俣条約と名付けることが決められていた。水俣病被害者への補償が不十分であり、水俣病問題が未解決な現状で、水俣条約と冠することに、国際NGOや水俣病被害者団体等から疑問が投げかけられ、国際的には水銀条約と呼ばれている。

　UNEP（国連環境計画）は2002年に実施した世界水銀アセスメントの結果、「先進国では水銀の使用量は削減されているが、大気中に排出される水銀は増加傾向にある。開発途上国では小規模金採掘などで水銀の使用が継続されている。大気や水に放出された水銀は、低濃度曝露でも、食物を通して人体に入ると、神経の発達障害、不妊、心臓病などの原因となる。クジラや魚類などに蓄積していて、環境リスクが高い。人為的な排出削減が必要である。」と判断し、国際的な水銀の使用規制が検討された。

　締結された水銀条約の内容は、「①新たな水銀鉱山の開発禁止。②塩素アルカリ工程での使用を期限内に廃止。③輸出入は締約国間の同意を条件に許可された用途以外は認めない。④9分野の水銀添加製品を期限内（2020年末）に廃止。⑤小規模金採掘に伴う水銀の使用、排出削減に努力。⑥大気・水・土壌への排出削減。⑦汚染サイトの特定と評価、リスク削減。⑧条約規制の推進と順守を管理する国際委員会（事務局）の設置。⑨締約国は国内法を整備、国内実施計画を作成し、規制強化に努める。」など多岐にわたる。水銀条約は35の条文と5つの付属書に取りまとめられた。条約の運用方法について、ガイドライン等を協議、作成するCOP（締結国会議）が5回開催された。2023（令和5）年11月のCOP5では、2027年末までにすべての水銀を含む蛍光灯の製造、輸出入を禁止することが決議された。

　条約にある汚染サイトの管理という点では、水俣湾に高濃度に蓄積した水銀ヘドロを浚渫、埋立てたエコパークとチッソの旧八幡残渣プールが該当すると考えられる。エコパークには大量の水銀が封じ込められているが、半永久的に管理するのであれば、護岸は耐久年数が50年で設計されており、将来的に対策の検討が必要となる。また、チッソの産業廃棄物最終処分場である旧八幡残渣プールに残存する水銀の管理対策として、水俣市が水俣川河口振興という名目で、沖合に埋め立て地を造成する計画を進めている。

# チッソ（現JNC）と水俣市

チッソの創業から113年。水俣市はチッソ水俣工場とともに近代工業都市への道を歩んできた。チッソの発展はそのまま水俣市のバラ色の未来を約束しているかのようにみえた。しかし、63年前の1956（昭和31）年5月、突如、その歴史が暗転する。水俣病の発生を告げる公式確認がその後の歴史の幕開けとなったからだ。

公式確認当時、水俣病は原因不明の「水俣奇病」と呼ばれた。医学の問題に限ってみても、胎児性水俣病を含めて水俣病がもたらした健康被害は私たちの想像力をはるかに超えていた。また、水俣病事件が地域社会全体を巻き込みながら、長期にわたってそこに住む人びとの生活に計り知れない影響を与えるだろうと予想できた者はいない。

水俣病事件が水俣に住む人びとに突きつけた問題は多い。水俣病をどう受容するかという問題もその一つである。患者家族は日々水俣病とともに生きる以外に選択の道はない。しかし、それ以外の人びとは、水俣病の現実を受け入れ、それと向き合って生きるか、それとも水俣病を忌避し、それが存在しないかのように生きるかという選択を迫られた。その意味では、この63年は水俣病の受容をめぐる対立の歴史だったともいえる。

水俣市民の間で起きた病名変更運動はそれを象徴する出来事であった。水俣出身者に対する偏見・差別の原因となる「水俣病」という病名を変えてほしいという陳情は、1968（昭和43）年と1973（昭和48）年をはじめ、何度か行われた。これは、水俣病を忌避しチッソを擁護する人たちのもつ一種の危機意識の現れであった。

1956年、水俣市の人口は約5万人（うち1万人は水俣工場の従業員とその家族といわれた）。現在、水俣市の人口は2万5千人まで減り、水俣工場（正式には、水俣本部水俣製造所）も工場再編で大幅に縮小された。しかし、ここが液晶などの最先端製品を生産するチッソの中核工場であることを知る人は少ない。

このチッソは、2009（平成21）年に成立した特措法によって分社化が認められ、2011年に新たに設立したJNC（株）に事業を移し、その持ち株会社になった。この持ち株を売却すれば、チッソという名前は消滅することになり、JNCは水俣病と無縁の会社になるという。

水銀ヘドロ処理事業によって水俣湾の景観は一変した。水俣の海がかつての豊饒

の海にもどることはないだろう。広大な埋立地がその何よりの証人である。

　半世紀を超える歴史の中で、水俣が失ったものは数知れない。そうした中で、水俣病事件の経験は、遺された最大の資産というべきものであり、それを活用してどう地域を再生するかに水俣の将来はかかっている。

---

### 昔の水俣のすがた

　ここに挙げたのは、チッソの工場が水俣に来る前の1901（明治34）年測量、1911年修正の地図である。

　水俣川は湯出川とＸ字状に交差し、中ノ島ができており、ここが町の中心部になっている。現在の水俣市街地には水田が広がっていたことが分かる。また、海に近いほうは塩田であった。水俣川河口は、現在とは大きく形が異なっている。26ページの写真にある八幡残渣プール辺りは海で干潟が広がっていたことも分かる。また、水俣湾が埋め立てられるはるか前の形がよく分かる。1908年に工場が水俣川岸に建てられているはずなのだが、地図の上では確認できない。

　それから下ること48年、1956（昭和31）年に水俣病発生が公式に確認される。その頃には現在の市街地ができ上がっている。

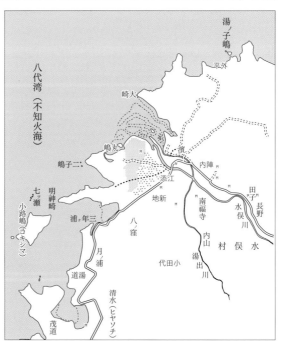

# 水俣病に関する補償・救済制度

　水俣病に関する補償救済制度には、水俣病認定患者としての補償と、水俣病患者とは認めないものの被害者として一定の医療補助などの救済をするというものがある。

　前者は、1969（昭和44）年12月に制定された「公害に係る健康被害の救済に関する特別措置法」（1973年10月より公害健康被害の補償等に関する法律、略称「公健法」）による補償制度である。熊本県及び鹿児島県の公害被害者認定審査会によって審査され、県知事の処分によって「水俣病」患者と認定される。認定されると1973年にチッソと患者が結んだ「補償協定」に従った補償か、「公健法」第3条に規定された補償給付を受けることができる。

　「公健法」による補償給付は、一．療養の給付及び療養費、二．障害補償費、三．遺族補償費、四．遺族補償一時金、五．児童補償手当、六．療養手当、七．葬祭料がある。年齢、男女、障害の程度などによって金額は変わるが、2018年度の障害補償費は月額16万から26万円程度である。水俣病ではこれまで「公健法」による補償給付を受けたものはいない。

　チッソとの「補償協定」は、チッソが直接支払う慰謝料、終身特別調整手当て、医療手当て（入院・通院）、医療費、介護費、葬祭料と患者医療清潔補償基金から支払う針・灸治療費、療養費、温泉治療券、おむつ手当、介添手当、香典、マッサージ治療費（年25回以内）、胎児性患者就学援助費、通院交通費がある。慰謝料は、症状のランクに応じて1,600〜1,800万円、特別調整手当月額71,000〜177,000円（2015年現在）。慰謝料は、物価スライドがないため金額は補償協定締結時と変わらないが、その他は、物価スライドが適用されるため金額の変更がある。

　認定されてはいないが、水俣病に認定申請をした人・認定審査会の答申・知事の処分が保留中の人には、指定地域に5年以上居住し、水俣病認定申請後1年（一定の症状がある人は6カ月）以上経過していれば、認定の結果がでるまで、認定申請者治療研究事業に基づき「認定申請者医療手帳」が交付される。給付内容は、医療費、介護費用（医療系サービス）の自己負担分、針・灸施術療養費（月5回を限度・1回の限度額がある）がある。

　後者は、「水俣病総合対策医療事業（以下、医療事業）」と「水俣病被害者の救済及び水俣病問題の解決に関する特別措置法（以下、特措法）」による救済措置である。1996（平成8）年に、水俣病問題の政治解決が図られた。水俣病とは認定されないも

のの、一定の症状を有する者に対して、「医療事業」による救済措置が開始され、「医療手帳」または「保健手帳」が交付された。「医療手帳」は、一時金260万円、療養手当（通院・入院）、療養費（医療費の自己負担分）、針・灸治療費、温泉券などが給付され、「保健手帳」は、療養費と針・灸治療費、温泉券が給付されるのみである。2004年チッソ水俣病関西訴訟最高裁判決で国と熊本県の責任が明確になった後、「医療事業」を拡大し、「保健手帳（通称：新保健手帳）」の給付申請受付が2005年10月13日〜2010年7月31日の期間のみ行われた。

　2009（平成21）年7月には、「特措法」が成立し、「被害者手帳」へと移行した。「医療手帳」とほぼ同様に、一時金210万円と療養手当が給付されるものと「保健手帳」と同様の療養手当のみの二種類がある。2012年7月まで給付申請が受け付けられた。

　「公健法」による水俣病の認定制度は、1977（昭和52）年、環境庁企画調査局環境保健部長通知「後天性水俣病の判断条件」（52年判断条件）により認定要件が狭められ、認定されない患者を生み出すことになった。さらに環境省総合環境政策局環境保健部長名で2014年3月7日、「公害健康被害の補償等に関する法律に基づく水俣病の認定における総合的検討について（通知）」が出された。この「2. 総合的検討の内容」によって、申請者に申請者の体内の有機水銀濃度（汚染当時の頭髪、血液、尿、臍帯などにおける濃度）を求めるなど、さらに厳しい条件となっている。

　認定患者は、2023（令和5）年11月末で、熊本・鹿児島県に2,284人、そのうち存命者は246人（2022年11月末）のみ。2010年5月末、医療手帳所持者は11,152人、保健手帳所持者は21,222人、新保健手帳所持者は28,364人。被害者手帳所持者は2014年8月末で36,361人。しかし、その後も救済を求める人は後を絶たず、水俣病の補償救済問題は解決されていない。

熊本県と鹿児島県の認定申請者数の状況（令和5年11月末現在、生存者は令和4年11月末現在）

|  | 認定者数（生存者） | 認定申請者数 |
|---|---|---|
| 熊本県 | 1,791（195） | 360 |
| 鹿児島県 | 493（ 59） | 1,064 |
| 合計 | 2,284（254） | 1,424 |

# 水俣病被害の現状

　水俣病による被害となるとどうしても個々人の健康被害ばかりに目が行きがちである。それは、水俣病の発生初期に重篤な患者たちが多かったことによる。学校教育やニュースなどで痙攣を起こす患者の映像が用いられることも多い。しかし、それだけにとどまらないし、差別、偏見、排除などといった社会的な被害も大きい。その点を水俣学研究センターが朝日新聞社の協力で2016年に実施した8千人を対象とした水俣病被害に関するアンケート調査の結果も活用しながら見ていこう。

## ＜被害の規模＞

　公害事件の被害者や近年多発している自然災害の被災者数については、かなり詳細な人数や被災状況が公表される。水俣病ではどうだろうか。

　1956年5月の水俣病発生の公式確認以降1970年代に入るころまでは、被害者数は100名余りと言われていた。2009年に改めて特措法などによる救済策が実施され、6万人を超える給付申請があった。結局のところ総数として約7万人の被害者が確認できる。この数値は本人が請求をして補償救済の対象となった人数であり、差別を恐れた潜在被害者、未認定死亡者などを加えるとさらに増えるものと思われる。現在もなお認定申請をする被害者が千人を超えている（2018年末現在）。

　これらの数字が示すのは「水俣病」とは何かが不明確なまま増減しているということである。

## ＜被害の地域的な広がり＞

　被害の地域的な広がりからいうと不知火海沿岸全体におよぶ。海水は海の中を巡っており、魚もまた回遊するからである。加えて、行商等の流通ルートに乗って有機水銀に汚染された魚貝類の運ばれた山間部にまで広がる。実態としてはどこからどこまでが汚染地域であるかなどという線引きはできないのだが、この点もまた被害者と行政との係争課題の一つとなっている。というのも、汚染の広がりは、昭和30年代後半の熊本県、鹿児島県による沿岸漁民毛髪水銀調査以外はほとんど調べられていないから厳密に調べる手立てはなく、推計を重ねるしかない。

## ＜被害と苦しみ＞

　まず、健康被害であるが、医学的には四肢末端の感覚障害、運動失調、平衡機能障害、求心性視野狭窄、歩行障害、構音障害、筋力低下、振戦、眼球運動異常、聴力障害などが主要症状と言われる。これはあくまでも水俣病という疾患に見られる症

状の医学上の呼び名であって、被害者たちが日常的に感じる苦痛や困難とは異なる。

　むしろ、自覚症状が健康被害をよく表している。手足のしびれ、からすまがり（こむらがえり）を多くの被害者が訴える。しびれというのは、じんじんする、痛い、感じないなどという感覚を表している。また、からすまがり（こむらがえり）とはふくらはぎの筋肉がつるということだけではなく、手足であれ、背中や首などどこでも起きる筋肉の引きつりであり、日中であれ寝ている時であれ、いつ起きるかわからず、時間も長い場合が多い。

　それに続く自覚症状を出現頻度順に並べると、感じにくい、細かい作業がしにくい、手が震える、だるい、頭痛、周りが見えにくい、聞きとりにくい、つまづきやすいとなる。それらの一つ一つが日常生活の中で感じられる困難なのである。

　これらの症状については、対症療法がほとんどで根治するための治療法はないようだ。多くの患者たちが鎮痛剤、鍼灸、漢方薬などさまざまに工夫して苦痛を軽減しようとしている。

## ＜社会的な被害：差別と偏見＞

　このような健康上の被害にとどまらない苦痛も多い。アンケート調査では、水俣病被害を受けて辛かったことは何かと尋ねた。病気によって「家事や仕事ができない」という回答が一番多かったのは当然としても、それとほぼ同数の回答だったのが「子ども（あるいは孫）が水俣病ではないかという不安」であった。また「差別や偏見」と答える人も約20％の高率に上った。そこで水俣病に関わる辛い経験を尋ねたところ約半数の人が「馬鹿にされた、悪口や陰口を言われた」と答えている。「縁談に差し支えた」「付き合いを避けられた」「就職に差し支えがあった」などという回答がかなり上がってきた。

　現在の被害者の中で、水俣病であるということでこのような差別と偏見の対象となるという現実に愕然とせざるを得ない。だから、被害者たちは、水俣病については、夫婦や兄弟姉妹など身近な家族の中でしか話さない人が半数で、近所の人と話題にするのは1割程度にすぎず、誰にも話したことがないという人が11％いる。

参考資料　水俣学研究センター編「水俣病公式確認60年アンケート調査最終報告書」2019年2月

# チッソ（現 JNC）水俣工場正門
## 繁栄と抵抗の交差地点

Map1 E-4

川本輝夫さんらの座り込み闘争初日
（1971 年 10 月）

午後4時、工場に交代勤務終了のサイレンが鳴り響くと工場労働者がいっせいに退社し始める。かつて 5,000 人近くの従業員が働いていた水俣工場は水俣の街の中心に位置し、「繁栄」を示すものであった。1927（昭和 2）年 10 月 7 日に開業した鹿児島本線水俣駅は、チッソの正門の真向かいに作られた。現在も国道 3 号線を挟んで工場と肥薩おれんじ鉄道水俣駅とは向かいあっている。

門の前に立って工場を眺め、チッソの幾多の歴史に思いをはせてみよう。1959（昭和 34）年 11 月 2 日、工場排水の排出停止を求めて不知火海漁民達が突入したのはこの門であった。同年 11 月 27 日から、被害補償を求めて患者互助会の患者達が座り込み、それはかの有名な見舞金契約（12 月 30 日）に帰結した。また、1962 年か

水俣病患者家庭互助会員の座り込み

らのチッソの安定賃金争議の折には組合員達のピケットラインがはられた。1971（昭和 46）年、川本輝夫、佐藤武春両氏を中心とする直接交渉を求める患者達が 1 年 9 カ月にわたり座り込んだ。1988（昭和 63）年には、「原因裁定」を求めての患者座り込みがなされた。そして、最近では 2005（平成 17）年 10 月、出水の会の患者達が謝罪と被害補償を求めて座り込んだ。チッソはそのつど冷たい対応をしてきた。水俣病認定患者のための「患者センター」の入口は、正門から北へ 50 メートルほどにある小さな通用門である。いくつもあるチッソ水俣工場の門のうち正門は、水俣病患者の抗議には冷たく立ちはだかるシンボルであった。現在では、JNC は学校生徒や外部の人たちの工場見学を受け入れている。この正門が、広く水俣病患者や市民に開かれるときはいつなのだろうか。

# 梅戸港（チッソの専用港）
## 海上・陸上交通の要所

Map1 E-3

**チッソ**創設者の野口遵は、鹿児島県大口にある曾木発電所の電気を使って、カーバイド工場を、初め鹿児島県の米ノ津に建設する予定であった。これを伝え聞いた水俣の前田永徳は、村の有志と相談し「工場敷地を安く提供する。併せて、送電に必要な電柱を寄付する。水俣には梅戸などの天然の良港がある。」と水俣への建設を促し、誘致に成功して、1908（明治41）年に村に工場ができた。そのチッソのカーバイド工場で使用する石灰石が、天草の姫戸と佐敷の鶴木山で産出され、チッソにとっては絶好の港となる。工場の発展とともに梅戸港が整備され、それまで、丸島港へ停泊していた天草、三角からの定期船も梅戸港へ停泊するようになる。その後開通した鹿児島本線の水俣駅開業により、まさに梅戸港は海上・陸上交通の要所として栄えた。昔は大口の金山へ馬車で石炭や塩を運び、帰りに米を運んでいたとの事である。天草航路の停泊が百間港へ移る少し前頃まで、水俣駅と丸島港間を乗合い馬車が走っていた。チッソの原料及び製品の受入れ搬入は、梅戸港と工場の間のトンネルを利用して、初めの頃はト

梅戸港

ロッコを使用していた。後にもう一本のトンネルが作られ、トラックやベルトコンベアで行われるようになる。昭和30年代に入ると梅戸港には外国航路の船が入港し、台湾や沖縄向けの肥料が輸出され、原料のリン鉱石や塩化カリなどの荷役が相次ぎ、大型クレーンが何台も唸りをあげて動いていた。また梅戸港には火力発電所があり、大きな煙突から、もくもくと煙をはき出していた。このようなチッソの繁栄の裏側で、漁場としての海が汚染され、梅戸の漁民を始め住民が次々と水俣病に冒された。のちに魚介類が豊富だった双子島周辺が埋立てられた。一方、梅戸港は1962（昭和37）年の安定賃金闘争では、梅戸港から工場へ通じるトンネルが労働組合によって封鎖され、警官隊も動員されて労使の攻防が繰り返された。また、水俣病で追いつめられた沿岸漁民闘争では、漁民が船をロープで結び海上封鎖を行った。

# 百間排水口
### 水俣病 "爆心地"

Map1 E-4

チッソは 1932（昭和 7）年からアセトアルデヒドの生産を始め、1968（昭和 43）年 5 月の生産停止まで（国の公害認定は同年 9 月 26 日）、メチル水銀を含んだ排水を無処理で水俣湾に流し続けた。水銀量は、最大 450 トン程度と言われている。まさに水俣病爆心地である。

1956年〜1957年に、水俣病発生の原因が工場排水にあるという声が高まると、チッソは排水口を水俣川河口に変更した。1958 年 9 月〜1959 年 10 月、この間不知火海一帯に汚染が拡大し、水俣川河口では魚が大量に浮かび、御所浦でもネコが狂死し、水俣市の北隣の津奈木町でも患者が発生した。チッソは、後に「人体実験」と非難されることをやってしまったのである。

1957年、厚生省は水俣病が水俣湾内の魚介類を多食することによって起こると分かっていながら、「湾内の魚介類すべてが有毒であるという証拠がない」ということで食品衛生法を適用しなかった。そのため、漁獲禁止措置はとられず、「自粛」を求める行政指導にとどまった。

1926（大正 15）年、水俣病発生以前にも漁民が工場に補償要求をしている。また、排水口近くに船をつないでおくと船底にフジツボが付かないので船の手入れが省けるなど、海に生きる人々は、工場排水が海を汚し、海の生き物に悪影響があることを、なんとなく生活の中で感じていた。

安全なことを確かめて排水を流していれば水俣病は起こらなかったのだ。危険と分かった時点で排水を停止していれば、これほど被害は拡大しなかったはずである。安全を確認せず排水を流し続けた企業はもちろん、危険性が確認されたにもかかわらず何も対策を講じなかった行政の責任が問われるのは当然のことである。

2023（令和 5）年 7 月、水俣市は百間排水口の樋門について、老朽化

2014 年 7 月の百間排水口。
奥の白い建物はポンプ場

に伴った流失を防止するため、撤去工事を開始しようとした。しかし被害者や市民に事前説明がなく、撤去反対の声が上がった。8月に木製蓋はすべて取り外されたが、熊本県が保管し、保存・利用について、県と関係者の間で検討中である。

---

## 水俣病巡礼一番札所 Map1 E-3
#### ―― 阿賀の岸から不知火へ ――

　百間排水口のすぐ近くに地蔵がまつられている。これは1994(平成6)年に新潟から水俣に贈られたものである。

　「水俣病被害者として運動を続けてきた川本輝夫さんは、水俣の88カ所に地蔵を建てたいと願ってきました。

　新潟県では、昭和電工が阿賀野川に有機水銀の入った排水を垂れ流したため、阿賀野川流域で川の恵みを受けて暮らしてきた多くの人々が新潟水俣病の被害を受けました。

　川本さんの願いを聞いた新潟県安田町の人々は、阿賀野川上流まで石を探しに行きました。阿賀野川からは良い石が採れるし、安田町には腕のいい石工さんもいます。心をこめて彫られ、百間排水口を見つめつづけるようにまつられているのが、阿賀野川の石でできたお地蔵さんなのです。

　それから4年後、今度は安田町の人が、『水俣の石で作ったお地蔵さんを阿賀野川のほとりに建てたい』と考えるようになりました。新潟に建立するお地蔵さんの石は、不知火海に注ぐ水俣川で探しました。ちょうど良い大きさ、形の石を探し当て、新潟に持ち帰りました。水俣川の石は、百間にまつられたお地蔵さんを彫った同じ石工さんの手で、とても良い顔のお地蔵さんに生まれ変わりました。」
(2002年9月、阿賀の会発行『阿賀のお地蔵さん』を参考とした)

水俣病巡礼一番札所

# 八幡残渣プール
## カーバイド残渣と有害物質捨て場

Map1 F-4

水俣川の河川改修工事に伴って、それまで「千鳥洲」と呼ばれていた広大な渚は埋立てられ、大曲りの塘なども出来て、戦前は塩田で、製塩などが行われていた。塩浜の埋立地と水俣川河口側の遠浅の入江に目を付けたチッソは、それまで百間港側に無処理で流していたアセチレン発生に用いたカーバイド残渣を、1947（昭和22）年頃から海面に石堤を築きコンクリートを流し込み、海面埋立プールを作って広大な埋立てを行った。初めの残渣プールがいっぱいになると、さらに沖の遠浅の海に、甲プールを作り、そこがいっぱいになると、今度は水俣川河口側に乙プールをつくり、それが残渣でいっぱいになると、今度はかつて、チッソの塩田として製塩を行い、社宅もあったところにプールをつくるといった調子で、北八幡プールへと拡大（75,000坪）した。1956（昭和31）年頃になると一日200トンといわれるカーバイドの残渣埋立てに困ったチッソは、それまで埋立て造成された広大なカーバイド残渣の上に、処理費用を安くあげるために嵩上げを行った。猫実験で水俣病の原因が工場排水であることを知ったチッソは、排水経路を百間から変更し、水銀を含んだ酢酸排水や硫酸排水、リン酸排水なども流し込んだ。そのため、八幡残渣プールから水銀が不知火海に拡散されることになり、それまで水俣湾側、百間、出月、湯堂、茂道の方に発生していた水俣病患者が、1958年9月以降、水俣川側、船津、八幡、湯之児、津奈木、芦北女島方面だけでなく、対岸の御所浦、天草一帯に多発することになり、水俣病被害が不知火海沿岸に拡大する。その後、チッソは政府の指導等もあり、上澄液を逆送ポンプで工場内の沈殿池に送り、百間排水口へ流し、1968年アセトアルデヒドの生産中止

八幡残渣プール遠景（2006年頃）

まで流し続けた。現在、酢酸工場やカーバイド工場等は廃止して存在しない。その後、有害物質を含んだ広大な敷地（33万㎡、10万坪）の一部は、水俣市が買い上げ、クリーンセンター（家庭ごみ焼却場）を建設、使用している。2011年3.11東日本大震災後は、再生可能エネルギーの全量買取制度を活用して、太陽光発電所として利用されている。

摂津工業㈱入口より見た八幡残渣プール側溝（2006年）

　一方、八幡沖第1、第2埋立地は、JNCが産業廃棄物の自社処分場として活用し、現在も中間処理施設や管理型最終処分場として利用し続けている。

　護岸と管理道路は2005年頃水俣市に寄贈された。近年、護岸の老朽化が進んでいるため、水俣市が水俣川河口振興と称し、丸島新港に隣接する部分を九州自動車道の建設で発生する残土で埋立て、港湾施設を作る計画を進めている。

　八幡残渣プールには、今なお、大量の水銀含有廃棄物が埋立てられており、水銀条約の汚染サイトとして管理する必要性があると指摘する意見もある。

水俣カーバイド工場（1920年頃）

# 旧工場
## 近代化学工場の草分け

Map1 F-4

水俣川が河川工事で今のような姿になる前は、水俣川と湯出川が市内でX線状に交差し、大園、古賀側を流れる川と陣内、牧ノ内を流れる二つの川が流れていた。1908（明治41）年にその古賀側の河口の川岸にできたのが、「日本カーバイド商会」である。藤山常一と野口遵が、大口の曾木発電所の余剰電力を使って、カーバイドや石灰窒素肥料を日本で初めて製造した。後に、日本窒素肥料株式会社となり、「チッソ㈱」（現JNC）の発祥の地である。1909年に熊本県では三番目の赤煉瓦造りの三階建ての近代的工場が建設された。人々は現在地にある新工場に対し、旧工場と呼んだ。現在はその一部が残っているだけだが、貴重な近代化遺産である。

旧工場には、カーバイド、石灰窒素、炭素（カーボン）などの工場や、鉄工場があり、日本の硫安製造など近代化学工場の草分けであった。しかし、赤煉瓦壁のしゃれた建物とは裏腹に、労働者は過酷な労働条件の中で、低賃金で働かされた。あまりの重労働に労働者が辞めてしまい、人が集まらない事もあったという。また、工場でよく爆発が起こり、死人やケガ人が多かったために、「会社に入れば、長生きしない」と悪い評判が立った。それでも、会社の態度は、「水俣の労働者はカライモ（さつまいも）があるから日給25銭でいい」といって他より安い賃金で働かせた。

労働時間も初めは24時間労働で、次の日が休みといった調子で、後で2交代、12時間労働になったと古老は話している。

旧工場の炭素（カーボン）工場で働く労働者は、カーボンの粉で身体全体が真っ黒になり、目だけがギョロ、ギョロしていて、銭湯に行くと、他の労働者が自分達も真っ黒になると嫌がったという。おもしろい話に、「旧工場に巣喰う雀が黒かったところから、旧工場の労働者の事を炭素雀と呼んでいた事もあった」と聞く。水俣に旧工場ができて、農業で食っていけない人々や、塩田で働けなくなった人々の働く場所が出来た事、九州で、いち早く電灯がともる等その恩恵にあずかる一方で、チッソの地域支配が始まる。

その一方、チッソはやがて海外進出を図り1920年代から朝鮮そして中国等での発電事業を展開し、1927年に

朝鮮窒素肥料株式会社を設立、30 年（昭和 5 年）には興南工場が稼働。これらが新興財閥、日窒コンツェルンの中核をなす。

　旧工場は熊本で三番目に作られた県下最大級の赤煉瓦の建物で貴重な産業遺産であるが、近代化遺産には指定されることはなかった。煉瓦造の工場建屋は一辺 50 メートルで広い空間があり、中にはドイツ・シーメンス社製の機械が数多く並んでいた。また敷地内には、本事務所、風呂場などの平屋建ての建物が残されていた。事務所にはオンドル（床暖房）が設置されていて火を焚く竈（かまど）が残っていた。この建物を調査した磯田桂史熊本大学五高記念館客員教授によると、この工場の図面をはじめ関連する資料がほとんど残されておらず、今後の調査がなお必要だとのこと。戦後はチッソが手放した後、株式会社江川がながらく事業に用いていた。数年前に所有者が不動産業者に代わり、煉瓦の壁の一部は残されていたが、2023（令和 5）年 6 月末には全ての建物が解体され、現在、住宅開発工事が進行中である。往時の面影が失われてしまったことは残念である。

旧工場（2019 年 1 月）

# チッソ社員住宅、寮、アパート
## 学歴や職能による差別

Map1 E-4,F-4

**チッソ**は福利厚生施設の一環として、社員住宅、寮、アパート等を市内数カ所に所有していた。その入居については、勤続年数、年齢、家族構成などにより点数化し、入居基準に達すれば入居できるシステムになっていた。内実は、学歴や職能区分により居住する地域、間取り、建物の造りなど差別していた。

例えば、住環境がよく一戸建てで間取りのよい陣内社宅には工場長や部課長クラスが入居し、お互いの交流や娯楽設備、接待、宿泊、宴会等ができる立派なクラブや公園を設置し、お

手伝いさん等を雇っていた。その近くには、都会の一流大学を卒業したエ

築地アパート位置図

取り壊された八幡社宅（主任クラス用）

リート達のために、大学卒だけが入寮できる独身寮を設置し、ダンスや卓球、玉突きなどができるホールなどを備えた。

水俣以外から採用した高校卒のためには高卒専用の独身寮を併設した。

係長や主任などが入居するアパートや社宅は、水俣川の下流に位置する八幡、築地地区に4階建てのアパートを造り、入居させた。アパート以外を希望する係長、主任クラスは一戸建ての社宅に入居させた。

その下の職長や組長は、二軒長屋、三軒長屋へ入居させ、風呂等については共同浴場を使用させていた（後に各戸に設置）。さらに、工員で職能や点数が低い人は、八幡社宅、古賀

旧汐見町社宅（係長クラス用）

社宅、三本松社宅といった四軒長屋、五軒長屋へ入居させ、浴場は共同浴場を設置し、入浴させた。これらの社宅はいずれも長屋であることから壁をへだてて話し声や物音が聴こえてくるといった粗末なものであった。

チッソはこの他に、工場周辺に百間社宅、丸島社宅、塩浜社宅などを設置し、工場で事故や災害などがあるとすぐ駆けつけられるような体制をつくっていた。その後チッソは、それまでの入居基準を改め、持家制度を進めるとともに古い社宅を取り壊している。なお、地元の労働者はなかなか入居させてもらえなかったと言われている。

2010年頃、工員向け長屋の八幡社宅は取り壊され、チッソが太陽光パネルを設置し、メガソーラー発電所（P32 参照）として操業している。

取り壊された陣内社宅（部課長用）

# メガソーラー発電所と水俣
## 設立以来の伝統を受け継ぐ発電事業

Map1 F-4

チッソは、1906（明治39）年曾木電気株式会社として設立された。1908（明治41）年に水俣に工場を建設し、空中窒素固定法による石灰窒素の生産を開始した傍ら、1914（大正3）年白川水力発電所をはじめ、水力発電所を熊本県内に設置していった。

2018年現在、熊本県下に11カ所、宮崎県、鹿児島県に各1カ所、合計13カ所の水力発電所を保有し、水俣工場で遠隔制御している。発電能力は最大出力94,600kW、年間発電量は家庭約14万戸分に相当し、発電した電力の一部は約161kmの自社送電線網で送り、水俣工場で使用している。

水力発電で培ったノウハウを生かし、2011年3月東日本大震災後、原子力発電所の運転停止を受けて、創設された再生可能エネルギーの電力全量買取制度を活用して、水俣市と滋賀県守山市、千葉県市原市、岡山県倉敷市の4カ所で、最大出力16MW、一般家庭約5,300戸相当の年間発電能力の設備を有している。

水俣市では、一般工員向け4軒長屋、5軒長屋のあった八幡社宅を取り壊し、2014年から2.6MWの発電能力のある八幡ソーラー発電所を稼働させている。一般的には太陽光発電は、埋立て地や休耕田など人の住んでいないところに建設されるが、JNC水俣工場に隣接する住宅地の真ん中に建てられたメガソーラー発電所は異様な雰囲気を醸し出している。

また、丸島新港に隣接する廃棄物最終処分場跡地（旧八幡残渣第2プール）にも、最大出力7.773MWの「水俣市塩浜メガソーラー発電所」が、2017年11月から発電を開始している。九電工とオリックスの関連会社が共同で、20年間JNCから残渣プール跡地（約87,000㎡）を賃借して、発電した電力を九州電力に全量売電している。

八幡ソーラー発電所

# チッソ附属病院
## 細川一院長と猫実験

Map1 E-4

水俣市の中心街の一角に、神戸の灘生協の次に単位面積当たりの売り上げを誇った「水光社」（チッソの職員生協から地域生協に発展、熊本県最大規模となる）がある。西側の水俣第二小学校との間に、「水光社ホームセンター」や駐車場、駐輪場、花屋、洋装店などがある。この場所にかつてはチッソ附属病院があった。1969（昭和44）年7月閉鎖。

チッソの従業員の診療所として発足した附属病院は、1948（昭和23）年10月、企業内診療所から、水俣で初めての総合病院として、多くの患者の診療にあたった。水俣には、まだ市立病院（1953年開院）も建設されておらず、九州各県はもちろん、全国から優秀な医師と看護婦が集められた。入院病棟を持ち、診療科目もほとんど揃っていたところから、町の開業医も自分のところで手におえない患者を紹介し、分からないところは相談に訪れるといった調子で、年間の外来患者数が10万人に達することもあった。

ちなみに1955（昭和30）年、水俣市の人口46,233人に対し、チッソ健保組合員数は、下請け関係も含め約2万人もいたという。

チッソ従業員や下請け労働者及び家族は、病気や治療のほとんどを、この附属病院に頼っていた。また、工場内で爆発や事故、急患が出るといち早く駆け付け、治療や対策に当たった。

この附属病院へ1956年4月21日、5歳11カ月の女児が脳症状を主訴として小児科を訪れ、同月29日、その妹が同様な症状で入院した。その2人の子どもの母親から、隣家にも同じような症状の患者がいることを知った当時のチッソ附属病院の細川一院長は、同年5月1日、水俣保健所（伊藤蓮雄所長）へ「原因不明の中枢神経疾患の患者が多発している」と報告した。これが、後に水俣病の公式確認日とされる。またチッソ附属病院は、細川一院長の人間味溢れる診療とは別の「水俣病の猫400号実験」によっても、世の中に知られることになる。

旧チッソ附属病院

# 避病院
## 「水俣病差別」はここから始まる

Map1 F-4

水俣川河口近くに架かる大橋から、湯の児方面への海岸道路を行くと、1974（昭和49）年に完成した市高齢者福祉センターがあり、続いて老人ホーム敬愛園跡があり、学校給食センターと水俣市の機関が並んでいる。ここに旧水俣市立避病院が置かれていた。1877（明治10）年、西南戦争ののちコレラが流行し避病院が置かれ、1890（明治23）年6月、水俣村立避病院が開設された所である。水俣川の河口に位置し、埋立ても進み地形は変わっているが、町の外れに位置していた。戦後も赤痢などの感染症患者を収容していた。ここに水俣病患者が収容された。

1956（昭和31）年5歳11カ月と2歳11カ月の女児が続けて発病し、その後次々と患者が発生した。保健所などの行政と工場附属病院が協議した結果、水俣市奇病対策委員会は、市民や他の入院患者らの不安を解消するため、避病院への収容を決め、ボロボロであった避病院の修理に着手した。7月27日に修理の終わった避病院には、チッソ附属病院に入院していた水俣病患者18名を疑似日本脳炎と診断し、伝染病予防法を適用して秘密裏に収容した。細川医師、附属病院小児科の野田兼喜医師らは感染経路、脊髄液の検査などから判断して、伝染病ではないと判断していた。海の魚由来ではないかと考えたが、決め手はなく原因不明の疾患として扱っていた。

避病院には大きな松の木が多数植わって鬱蒼としていて、当時のことを知る人は怖い場所と思っていたという。避病院から先は人がほとんど住んでいなかったようだ。石牟礼道子さんの『苦海浄土』などでも避病院の置かれた白浜地区の雰囲気は描かれている。図面は、当時水俣市建築課の

当時の避病院イメージ図（絵・小島憲二郎）

職員として補修にあたった松本勉氏が描いたもので、病棟は重症、軽症など症度に応じて3棟あり、その奥には屍室、患者の衣類などを焼く焼却室がある。1室に2人の患者が入れられており、両側に窓が作られていて風通しを良くしてあった。食事や身の回りの世話は家族が行わなくてはいけなかった。医師は常駐しておらず、チッソ附属病院の細川医師が訪問して診察していたとの証言が残されている。

「二人の子どもは、白浜の伝染病棟（避病院）に移されました。そのこと

があってから、急に近所の人たちの私たち家族を見る目が変わってきました。それまで、行き来していた人たちが、ばったり来なくなりました」（田中アサヲさんの証言）。患家の住居は伝染病予防法に基づき市衛生課職員によって消毒された。水俣病患者らは同年8月末まで避病院に隔離され、その後熊本大学病院藤崎台分院に転院。消毒は、根拠のない「うつるかもしれない」という不安を拡散させ、これが水俣病差別の出発点となったことは想像に難くない。

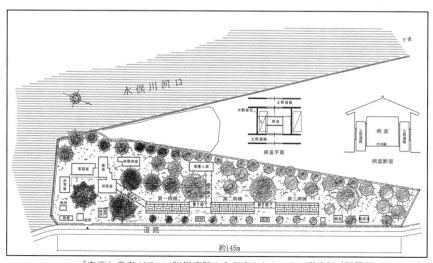

「奇病」患者がチッソ附属病院から収容されたころの避病院（配置図 S：1/750）
出典：熊本学園大学水俣学研究センター所蔵資料

# 山王神社上からの展望
## 市街地を南側から180度望む

Map1 E-5

**市街**地から湯の鶴温泉方面へ向かい、平町を過ぎると左に江南橋という橋が見えてくる。その江南橋を渡らず直進し、100mほど進むと、右に大きく分かれる道がある。その道を700mほど登ったところに山王（正式名：江添）神社がある。

山王神社と道路をはさんだところの階段を30段ほど登ると、平町一帯を火事から守ってくれるといわれている「あぐまさん」と呼ばれる神様が安置されている。

その小さな石堂の横から水俣の市街地を180度展望することができる。

一番左側は、西南西の方向で恋路島や水俣湾埋立地などが見える。右に目を移していくとチッソ（現JNC）工場や肥薩おれんじ鉄道水俣駅が見える。その右側は、神社裏の木に遮られて隙間からしか見ることができないが、市街地の中心や水俣川河口周辺が見える。さらに右に目を移すとチッソの陣内社宅周辺が見え、一番右端に水俣高校の建物（2014年3月、統合により閉鎖）が見える。その校舎の一部は環境アカデミアとして活用されている。時間に余裕があるならば、一度は行ってみたい所である。

西南西から西北西

写真左にはっきりと見える小さな島が恋路島、その手前が水俣湾埋立地や百間排水口周辺である。海の向こうには長島（鹿児島県）が見える。
写真中央に見える駅が肥薩おれんじ鉄道水俣駅で、その少し先にチッソ（現JNC）正門や工場を見ることができる。
海の向こうには伊唐島（鹿児島県）が見える。

西北から北北西

写真左は、北西の方（丸島漁港方面）で、神社裏の木が伸び、隙間からしか見えないが市街地の中心が見える。海の向こうに見える島は、獅子島（鹿児島県）である。写真中央は、北北西の方（水俣川河口方面）で、八幡社宅跡・八幡残渣プール跡・旧採石場・避病院跡・水俣学現地研究センターなどがある。
海の向こうには御所浦島（天草）が見える。


北北東から東北東

北北東の方には、陣内地区が見える。水俣川と湯出川の合流する所に、チッソ小崎ポンプ室も見える。「あぐまさん」は対面にある山「秋葉山」から分かれたという。
東北東の方（写真中央）を望むと、陣内社宅が見える。右端に見える建物は環境アカデミア（旧水俣高校の校舎）である。
遠くに見えるのは、津奈木町や芦北町の山々である。

Map1 G-4

# 旧採石場からの展望
## 北側から市街地を望む

水俣の温泉地の一つ、湯の児温泉へ向かう海岸道路に入り、しばらく行くと左に「やすらぎ苑」、右に「水俣病院」が見えてくる。その少し先の道路沿い右手にあるのが採石場跡である。そのまま通り過ぎて走ると、左に「大崎ヶ鼻公園」があり、やがて「感謝の碑」の金色の文字が見えてくる。その碑の200mほど先に、海岸道路から右に分かれる登り道がある。その道を600mほど進んだところから採石場跡上部に出ることができる。ここからは、真下に水俣市クリーンセンター（八幡残渣プール跡→P26参照）や水俣川河口を見ることができる。

1958（昭和33）年チッソは、アセトアルデヒド排水を八幡プール経由で水俣川河口に放出した。この排水路変更と海流の影響で八幡・白浜・湯の児・津奈木方面にも新患者が発生し、被害を拡大させたといわれている。

南東の方に目を向けると、P30に書かれている八幡社宅跡や築地地区にある4階建てのチッソ社員アパートなども見ることができる。

おすすめのスポットではあるが、夏場になると採石場跡上部に出る道は、草が生い茂るので要注意。また、道の入り口も分かりにくいので地元のガイドと行く方がよい。

南東方向

手前に築地社員アパート、その奥に取り壊された木造の八幡社宅が見える。
（2006年撮影）

南方向

川のすぐ向こうにある煙突が立っている建物が水俣市クリーンセンター（家庭ごみ焼却場）である。その右手奥に見えるいくつかの白い建物は、「エコタウン」と呼ばれている地域の工場や事務所である。これらはすべて、チッソの産業廃棄物埋立地・八幡残渣プール跡（カーバイド残渣埋立地）の上に造られている。
水俣市クリーンセンターのずっと先の方に煙を出している煙突が見える。チッソ水俣工場の煙突である。
工場の右奥にある小高い山の裏側に、チッソの専用港である梅戸港があり、その先に水俣湾埋立地がある。（2006 年撮影）

西方向

西方向に目を向けるとチッソ（現JNC）の産業廃棄物最終処分場〈管理型埋立処分場〉や焼却施設（河口突端にある建物）も見ることができる。
写真の中央やや上にある波止周辺が、丸島漁港である。
はるか海のむこうには、長島や獅子島（ともに鹿児島県）などが見えている。（2006 年撮影）

# エコパーク水俣（水俣湾埋立地）

## 覆い隠された水銀ヘドロ

Map1 E-2,E-3

**19**68（昭和43）年に国は水俣病の原因はチッソの排水であると認定した。1970年には熊本県が、熊本大学に水俣湾のヘドロ処理計画の検討を依頼したが、熊大は有効な方法がないと回答した。1973年一次訴訟の勝訴判決を受けて、1974年、熊本県、環境庁、運輸省が協議し、港湾管理者（熊本県）が国（運輸省）に委託して、公害防止事業と港湾整備が1977年から開始された。途中、同年12月に、川本輝夫氏ら患者、沿岸住民約2,000人から出されたヘドロ浚渫工事差し止め仮処分申請が行われたため、工事が一時中断された。1980年6月に工事は再開された。

護岸をセメントと鋼矢板を組み合わせてできた円筒や半円筒形のセルを海底に打ち込み、セルの中に砂を入れるスチールパイル工法で築造した。1973年に、熊本県は仕切り網内の水俣湾を500mメッシュに区切り、底質ヘドロの総水銀濃度を調査した。その結果をもとに総水銀濃度25ppmを上回る底質ヘドロを、カッターレスポンプ式浚渫船を用い、大型の電気掃除機を思わせる吸入口から吸い込み、護岸内の埋め立て予定地に浚渫、移送した。

漁業補償で行われていた汚染魚を捕獲しドラム缶に詰め込んだものと、浚渫した底質ヘドロの上には、合成繊維の布（シート）、格子状のロープ、散水したシラスが順にのせられ、当初厚さ約1mの山土を入れ、覆土工事を終えた。山土の多くは水俣市の北西に位置する御所浦島の採石場から持ち込まれた。総額485億円をかけて、1990（平成2）年3月、埋め立てが完了した。

埋立地は運動公園として整備され、エコパーク水俣と呼ばれ、市民に活用されている。

広さ58.2haの埋立地の下には、総水銀濃度25ppmを上回る汚泥約151万㎥がある。水俣病の"爆心地"百間排水口のすぐ近くに竹林園が造られ、そこからエコパーク水俣が"巨大な産業廃棄物捨て場"を覆い隠すように親水護岸まで広がっている。

2013（平成25）年10月に締結され、2017年8月に発効した水銀を規制する国際条約第12条によれば、水銀で汚染された場所を特定し、その環境リスクを評価し、必要があれば修復することとされている。鋼矢板とコンクリートでできた護岸は耐久年数50年で設計

されており、半永久的に管理するためには、数十年ごとに護岸を補修する必要がある。鋼矢板の海水による腐食や地震による護岸の破損、液状化による水銀流出の危険性が指摘されている。

2008年から熊本県は水俣湾公害防止事業埋立地耐震及び老朽化対策検討会を開催し、2015年2月報告書を取りまとめた。護岸は2050年頃まで健全だと考えられ、20年後に委員会を開催して、対応を検討すればよいとしている。2016年3月、熊本県は水俣湾公害防止事業埋立地護岸等維持管理委員会を設置し、管理しているが、熊本地震後も特に調査もせず問題なしとしている。

半永久的にエコパーク水俣の下に眠る水銀を管理しなければいけない。次の世代にツケを残さないために、土壌汚染対策で利用されている技術を活用して、埋め立てら

れた水銀を分離、回収し、浚渫したヘドロを浄化すべきであるという意見もある。

エコパーク水俣と恋路島（2013年撮影）

# 仕切り網
## 汚染魚封じ込めと網外の魚の安全性を世間にアピール

Map1 D-2

水俣湾内の水銀汚染魚の拡散を防ぐためとして、1974（昭和49）年1月熊本県が設置した。総延長2,350m。1977年10月には公害防止事業着工を機に、恋路島を取り囲む形で範囲を沖合に拡大した。ところが、網目は4.5cm×4.5cmで小魚がすり抜けられる大きさである。船の出入りのために網が設置できない個所（幅223m）には、音響装置を設置し魚の出入りを防ごうとしたが、その装置の上にのっている魚が撮影されている。設置当時、汚染魚を完全に封じ込めると説明した国や県が、網の効果は6割〜7割と認めている。埋立工事終了後1990（平成2）年11月に県・市・漁協は、湾内での釣り自粛を呼びかける看板を立てたが、週末になれば湾岸壁に竿がずらりと並ぶ光景が見られ

魚が素通りする仕切り網

た。1995年6月、集中捕獲により汚染魚はいなくなったとして、七ツ瀬海域にある2,298mの仕切り網が撤去された。さらに、カサゴなどの指定魚7種の水銀値が国の基準を下回ったとして、1997年7月、県は水俣湾魚介類の「安全宣言」を出し、湾央部の2,106mの撤去作業が始められ、10月に完了した。"足早の幕引き"により、20数年間水俣病の象徴でありつづけた仕切り網がなくなり、水俣病被害の傷跡が見えにくくなってしまった。

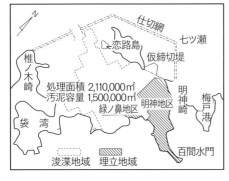

# 親水護岸（親水緑地）
### 有機水銀が眠る埋立地の先端

Map1 E-2

水俣湾埋立地の西側の最先端にあって、1994（平成6）年3月に完成したのが、この親水護岸である。

潮が満ちた時に直接海の水にふれることができるよう天然の石で造られた階段式の護岸、その横には防腐剤を一切使用していない、環境に配慮をしたボードワーク（木道）とよばれる465mの遊歩道が作られた。その遊歩道に沿って海に向かって祈る石像（本願の会制作）と植林された「実生の森」が造られている。

市や県発行のパンフレットなどでは、「水俣湾の青さ、恋路島の緑、不知火海の島々をみながら散歩ができる場」または、「観光客や市民が汐の香りと波の音を聞きながら散歩できる憩いの場」として紹介されている。しかし、封じ込められたヘドロの流出と汚染が懸念される方法（P40参照）でできた埋立地の先端の場所であること、すなわち水俣病原因物質の有機水銀が埋め込まれた地と自然の海との境界の場であることを忘れてはならない。

1994年からは、水俣病で犠牲になった全ての生命と、埋立地に封じ込められた全ての生物に祈りを捧げる目的で「火のまつり」（水俣市主催）が開催されたり、2003（平成15）年8月には、新作能「不知火」（本願の会主催）が奉納されるなど鎮魂の地にちなんだイベントも開催された。

2006年には、水俣病発生公式確認50年を記念して「水俣病慰霊の碑」が建立された。それ以後、毎年5月1日に慰霊祭が行われている。

埋め立てられた水銀汚泥の上に立ち、かつての豊饒の海を目前にしながら往時をしのんでみよう。

親水護岸

# 「本願の会」の魂石
## 訴え続ける石像

Map1 E-2

悲しい水俣病の想いや痛みを魂石（石像）に託し、祈りをささげ、多くの人に伝えていくことを目的にして本願の会（田上義春会長＝故人）のメンバーが制作した石像が、海に向かって、親水護岸に50体ほど設置されている。

　幅30cm四方、高さ60cmの石にひとりひとりの想いや願い、祈りを込めて彫られた石像は、様々な表情で、水俣病による犠牲や奪われたもの、失われたものを決して忘れてはならないと訴え続けているように見える。

### 本願の会

　「本願の会は1994年3月、田上義春、濱元二徳、杉本栄子、緒方正人さんら17人の水俣病患者が呼びか

け、発足した会です。その思いは本願の書という形で残されています。長い裁判闘争、補償交渉の後、移りゆく時代の中で和解という

杉本雄さん建立の石像

原田正純先生建立の石像

決着を目前にし、『今のままでは、患者は犬死にじゃ。払った犠牲も強いられ続けている犠牲も患者がいなくなれば、みんな忘れられてしまう。おどんたちの生きた証ばどげんかしてのこせんもんじゃろうか。』という田上義春さんの心の底の唸りのような発言から会は出発しました。その後、中心となる活動を水俣湾の埋立地に森を創って、お地蔵さん（魂石）を置き続ける事、我々が生きるこの時代を見据えていく事などに絞り、活動を続けています。」
〈魂うつれ（1998年11月 本願の会発行）より抜粋〉
　「本願の会」
　事務局 金刺潤平 0966-63-2980

Map1 D-2

# 恋路島
### こいじしま

## 水俣病の影響を受けた伝説の島

**親水** 護岸の眼前に見える島は、通称「こき島」とよばれる恋路島である。古い地図には小路島と記されている。

周囲約4km、面積約263,700㎡の島で、かつては雄大な松林があり、人も住んでいたが現在は無人島になっている。戦後まもない1947（昭和22）年には、18人の子どもたちを収容した保護施設『二水海洋学園』（現在の児童養護施設『光明童園』の前身）が開設され、2年後移転するまで保護事業がおこなわれていた。1950年ごろ、水俣病患者田上義春さんの母ツヤさんが住みつき、山守をしていた。また、1951年には、市営のキャンプ場も開設され海水浴客などで賑わった。しかし、水俣病の広がりとともに利用者が年々減り、1959（昭和34）年にはキャンプ場も閉鎖され、現在は無人島となっている。

1957年に灯台が建設され、島の岬は、ハリノメメンズ（針の目崎）、笠瀬崎、北ン鼻などとよばれ、漁師にとって、貴重な目印となっている。

天正年間（1573〜1591年）の『悲恋伝説』にある妻恋岩や通称"恋の浦"海岸、豊漁祈願の恵比須神社などのほか有名となったのは、「タブノキの群生」である。全国でも珍しくなったタブノキの群生が、自然林として残っているのは、水俣病の発生によって、島全体が開発の対象とされなかったからともいわれ、なんとも皮肉な結果を残している島である。この恋路島やとりまく海を、今後どう大切にしていくかが水俣の再生のあり方に大きく関わっているのはいうまでもない。

恋路島（2006年撮影）

*45*

# 丸島漁港と魚市場
## 魚が水揚げされなかったことも

Map1 F-3

水俣川河口に位置する丸島漁港付近は、広大な砂浜で、古くは地引網漁などが行われた。丸島漁港のすぐ近くにあった亀の首海水浴場付近は、遠浅でアサリ、ハマグリ、タイラギ、マテ貝などがよく獲れ、引潮時になると山間部からも来て、貝を獲る人で賑った。1950（昭和25）年頃までは、夏になると水俣だけでなく、八代や熊本などからも海水浴客が来ていた。

水俣付近の海はリアス式海岸で、魚種も豊富で、水俣の古くからの漁村は船津（八幡）、浜地区であった。1897（明治30）年以降その中心は丸島へと移った。1937（昭和12）年、漁船の入港増加に伴い、丸島漁港の改修計画が行われた。その後、丸島漁港は熊本県の管理漁港の指定を受け、逐次整備が進められた。

水俣病が発生した1953年頃から丸島漁港近くでも、ボラが浮いたり、フラフラして泳いでいる魚が見られるようになる。漁師の中に水俣病患者が出始めると、漁業組合では「水俣病になったら、魚が売れなくなる」と、漁師や仲買人に「絶対、水俣病の申請はしないように！」と働きかけた。

現在の丸島漁港（2014年7月撮影）

一方、鮮魚商の人達は、はじめは産地を偽って魚を売っていた。いよいよ魚が売れなくなると、鮮魚商組合は、「水俣近海で獲れた魚は買わない」と不買運動を起こし、水俣の漁師は窮地に追い込まれ、漁民がチッソに生活補償を求め、漁民闘争に発展した。1977年から始まった水俣湾の浚渫事業と並行して、熊本県が丸島漁港公害防止事業を実施し、丸島新港が作られた。

丸島漁港にある魚市場も、漁業組合の魚市場と有限会社の魚市場があったが、現在は、合併して㈱新水俣魚市場だけとなった。水俣病の発生により、水俣の漁業は大打撃を受けた。現在では、鹿児島県の出水・長島・獅子島や熊本県の御所浦・津奈木・芦北・日奈久から、広範囲に水揚げされるようになったが、往時の賑わいを取り戻せていない。

…揚げされる魚

…夫なんですか？＞

…だ。魚屋としては存在基盤そのものを問われているようなも…夫とは言えない。だが危険レベルで無いことは明らかだ。…。「水俣市民は60数年、危険と言われてきた水俣の魚…なかったときもあった。知ってからもそれなりに付き合って…気のようなもので、無くてはならなかった。海辺の暮らし…生を決め込んでいる」「今は、食べる量、頻度などか…も良い」「正しく恐れるという言葉がある。肝に銘じて

前…

＜食…は何故美味しい？＞

何…が一番美味しいとされる。当たり前のことだが、水俣（不…。他の海域の魚と比べてみると明らかに違う。「肥えている…っている」と言われる。これには根拠があるように思う。美…海にある。

水俣の漁…」と称された。豊富な湧水と、岬や島を覆い尽くす照葉樹林…な干潟（リアス式海岸には貴重なものである。今はほとんど消失）。これらが沢山の生き物たちを守り、育ててきた。栄養豊かな海はコクのある味を備えた魚を育てる。

次に、水俣の海は日本一閉鎖性の高い不知火海のさらに内海となる。ここでは食物連鎖の頂点に立つ魚介類は他の海域に比べて一ランク低いと思われる。マグロやカツオ、ブリなどの大型魚類がいない。彼らの餌となるはずの中小魚類が幅を利かせる海となる。追われることも無く、ストレスの少ない幸せな環境がある。これは確実に味に影響する。

＜魚たちに学ぶこと＞

今は海水温の上昇に悩まされている。熱い海、痩せ細った海。魚たちの苦労は絶えない。

産卵時期がズレている。資源の枯渇が危惧される。そんな中で必死に命をつなぐ生き物たち。とても健気で、愛おしく思う。毎朝、魚市場で少なくなった彼らと出会い、考える。人は何をしてきたのだろうか？　何が出来るのだろうか？　やれることは無いのか？

（寄稿　鮮魚商　中村雄幸）

水俣で水揚げされた魚

# 坪段（坪谷）
## 公式確認の地であり震源地である

Map

岬と いうには余りにも小さい突出した岩積に囲まれた小さな舟溜りを坪段と呼んだ。ちょうど崖が崩れた谷のように両側が高台になっているからであろうか、坪谷とも呼ばれる。そこはまた、渚というには余りにも狭い砂利浜があって、かつては子どもたちの安全な遊び場になっていた。波もなく、深みもなく、それでいてビナ（巻貝の一種）やクロガイ、カキや子カニや時にはタコさえ石の下にいた。ミニチュアのような短い堤防には小さな石の祠と恵比寿さんがあって、子どもたちを見下ろして護ってくれていた。この恵比寿さんはここでじーっと水俣病の歴史を見つめていたはずである。田中家の二人の娘たちもこの狭い遊び場で潮の匂いを浴びながら2歳、5歳と育ってい

た。田中家は船大工であったた〔め〕家が海に張り出していて、満ち潮〔時〕は窓から魚が釣れるようにさえ見〔えた〕。

この家に異変が起こったのは〔1954〕（昭和29）年頃であった。飼いネ〔コが〕夜中に突然壁や柱に猛烈な勢い〔でぶ〕ち当たり、跳び上がり涎を流し狂っ〔て〕しばらくしてこのネコは死んだ。そ〔して〕次々とネコをもらって来たが2、3カ月で狂って死んだ。そして、飼っていたブタも苦しそうな悲鳴をあげ、立てなくなってしまった。

1956年3月頃から5歳11カ月の娘が箸をうまく使えなくなり、ご飯をこぼすようになった。4月になるとふらふら歩きになり、言葉がはっきりしないようになって、夜泣きして不眠、嚥下障害がみられた。4月21日、チッソ附属病院（P33）を受診し、23日には入院したが、手足はほとんど麻痺状態となった。時折、全身の痙攣が襲った。姉が入院した日に2歳11カ月の妹が膝や手の痛みを訴え、歩行がふらふら動揺し、手でものを掴んだり、箸を使ったりすることが不

現在の坪段（2014年7月）

売上カード

書名・著者名
水俣学ブックレット⑱ 水俣を学ぶ、水俣の歩き方 新版

発行所名
熊日サービス開発（株）出版部

定価 880円
（本体価格 800円+税）

Map1 B-2

# 茂道
### むら社会が破壊された患者多発地区

熊本県最南端、鹿児島県との県境にあり、茂る道と書いて「もどう」と呼ばれているこの小さな漁村は、水俣病患者多発地区（認定患者200人を超す）である。茂道湾は、外海が荒れても湾内はわりと穏やかなうえに、入江にある大きな茂道松が影をつくって魚をよぶといわれ、魚の避難、産卵には絶好の場所として知られていた。ボラにイワシ、チヌやタコ、イカなどがよく獲れる、まさに「魚の宝庫」で、4軒の網元と120軒ほどの漁師（網子）が、みんな家族同様に助け合って暮らしていた。

ところが、1953（昭和28）年ごろになると、ほとんどの家の猫がきりきり舞いをして泡を吹き海に走り込んで死んでしまった。鳶や烏が水面に落ちて水しぶきを上げ、はばたきながらもがき苦しんで死ぬのを多くの人が目撃してい

2006年の茂道

る。翌年8月1日付けの熊本日日新聞は「猫、てんかんで全滅、水俣市茂道、ねずみの激増に悲鳴」と報じた。行政協力委員をしていた石本寅重さんは、ねずみの激増に堪え兼ねて、ねずみの駆除を市の保健所に訴えている。その頃には、人にも異変が起きていたのである。

魚が獲れなくなり生活が苦しくなっていくだけでなく、水俣病に倒れた人やその家族が差別されるという経験もし、むら社会（人間関係）が大きな被害を被った象徴的な地域だ。しかし、近年では、人間関係の修復をも意識しながら、漁業を続けたり、無農薬のミカン作りにこだわり続ける第2世代もがんばっている。

1960年代頃の茂道（撮影・塩田武史）

# 乙女塚
## 祈りと交流・学びの場

Map1 A-2

水俣病第一次訴訟原告の患者・田上義春さん（故人）が、1978（昭和53）年に農園を開いた。そこに、一人芝居「海よ母よ子どもらよ」の全国勧進公演を行った砂田明さん（故人）・エミ子さん夫妻が、1981年に塚を建立した。水俣病の犠牲になった生類いっさいの霊を祀り、水俣病を忘れまいとする祈りの場。「乙女塚」の名は、1977年、21歳で亡くなった胎児性患者・上村智子さんを追悼する意味がこめられている。

「正面、塚の石室には、乙女塚勧進行脚の各地水辺の真砂を敷き詰め、桐箱には、上村智子さんの遺品を中心として、水俣の縄文貝塚蛤、百間・馬刀潟汚染以前のネコ貝、水俣川河口汚染時のブガイ、大崎ケ鼻"竜神さん"の白玉を納める。また、各地よりもたらされた祈念の品——広島・長崎の被爆瓦、沖縄白保のサンゴ、知床原生林のブナの切り株、南京大虐殺記念館の庭石、ミクロネシアから来訪の母親より贈られた祖貝などが納められている。」
（乙女塚縁起より）

乙女塚石室

## ◇乙女塚例祭

慰霊祭

行政主導の慰霊式が始まった 1992（平成 4）年より早く、1981 年から毎年、水俣病発生公式確認の 5 月 1 日に水俣病互助会主催で開かれている。

乙女塚慰霊祭（2006 年 5 月）

## ◇海の母子像

原像は、沖縄戦の鉄の暴風に追いつめられる母と子を刻んだ "ひん死の子を抱く女" である。ひん死の子を生類全体に、回生を祈る母を海に見立てて、新しく「海の母子像」と命名。

海の母子像（ブロンズ、金城実1972年）

# 津奈木
## いち早く新しい漁法を取り入れた漁村

Map2 B-4,B-5

八代市から水俣市に連なる海岸線の約40㎞は芦北海岸県立公園に指定されている。海岸部はリアス式海岸で漁村が点在している。海の背後には200〜300m級の山が海岸線に迫っていて耕作地は狭い。そのため、海岸線には段々畑が多く、カライモ、陸稲などを作っていた。家々はその狭い土地に肩を寄せ合うように建っている。そこに入るには山越えの道を越えなければならず海の道を通った方が便利であった。これらの漁村では目の前の海の魚とカライモが常食で、「赤崎、平国、ちんコメ食わん。年々カライモ、イワシの菜」という唄が残っているほどである。

芦北町の漁民が書き残した資料によると、1936（昭和11）年には津奈木で巾着網漁を操業しており、戦後すぐ漁を再開し「津奈木村で何統かの巾着網が導入され、毎日のように大漁旗をなびかせながらイワシを満載した何隻もの船が入港してくる様は見事であった」と芦北漁民の羨望の的であった。

巾着網漁の網元は、福浦に3人、合串に5人（うち3人は2〜3の船団を所有）、赤崎に2人おり、大きな網で漁をするため20〜30人の網子を要し、地域住民だけではまかなえず他の地域からも雇っていた。

巾着網で狙うカタクチイワシは秒単位で傷むため網元や網子たちはそれぞれイワシ加工のできる釜を持っていた。『熊本県水産要覧』には、1951年当時のイワシ加工場が、天草側は344軒、芦北22軒、津奈木40軒とあり、天草側のほうがイリコ製造の規模が大きかったものの、津奈木は水俣や芦北より規模が大きかったことが分かる。

津奈木で磯立カシ網を操業していた船場藤吉さんが1959年9月に認定され第1号患者となった。この年、津奈木では水俣病対策村民大会が開かれ、婦人会が「村内に水俣病患者を出した事は脅威である」と津奈木に患者が発生し不買宣言が出ることで漁民の生活が逼迫するのは「脅威」であると認識している。この認識が一個人に限ったものでなかったことが図（P55参照）で見てとれる。

2019年現在、津奈木町の公健法上の認定患者は354人、被害者手帳を受給したのは2,614人とされている。図の居宅を4親等以内に認定患者がいれば赤、各種補償救済手帳のみの世帯を青、補償救済状況がわからなければ白でマッピングしたところ、白が圧倒的に

多かった。単に水俣病被害が少ないの　　おいても水俣病を隠そうとする要因が大
ではなく、地域あるいは親族家族内に　　きいことを示しているといえる。

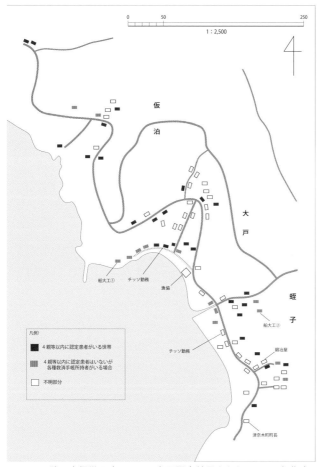

注:水俣学研究センター全戸調査結果をもとに 2012 年作成

# 芦北
## 今も当時の風景を色濃く残す海岸線

Map2 B-3

芦北町は急傾斜の山地に囲まれ分散して女島、佐敷、鶴木山、計石などの漁村がある。これらの集落を結ぶ道は峠を越えて通じており、中でも赤松太郎・佐敷太郎・津奈木太郎は三太郎峠と総称される峠道であり、国道3号が通じるまでは最大の難所だった。また各集落を結ぶ間道は山腹を縫うような難路が多い。海岸部もリアス式海岸で出入りが多く、山が海岸まで迫っているため隣の地域に行くのでさえ一山越えて行かなければならなかった。たとえば、女島の漁村に車の往来が難しいほどの県道ができたのは1963（昭和38）年で、岬の先まで車が出入りできるようになったのは1971年頃であったため、船での交通が簡便だった。

1958年9月、チッソがアセトアルデヒド排水を百間排水口から水俣川河口に変更し、患者が北上しはじめると、鮮魚小売商組合による「水俣漁協の漁民がとった魚は一切買わない」という不買宣言が各地域で決議され、漁民の生活は困窮した。1959年11月、芦北では女島の網元である緒方福松さんが最初の水俣病死亡患者となった。

1971年に網元1人と胎児性2人が水俣病と認定されるまで、女島の漁協は他の漁協と同様、認定申請をしないようにという圧力を組合員にかけていた。しかし、1972年、鹿児島県出水市で行商人が入院していたのを漁協幹部が水俣病隠しのため連れ戻し、家族と漁協との間で責任問題となったことを契機に、女島の組合理事会で「今後組合員の申請は自由でこの際具合の悪い人達は一斉に申請」することを決議し、1973年1月以降に診察した人から認定申請をはじめた。

2019年現在、芦北町の公健法上の認定患者は346人、被害者手帳を受給したのは7,259人とされている。女島の図（P57参照）の点線部分における人口は110人で認定患者は65人にのぼり、36世帯を4親等以内に認定患者がいれば赤、各種補償救済手帳のみの世帯を青でマッピングしたところ、すべてが赤で染まった。これは水俣から北に直線距離で15kmの漁村における濃厚な水銀汚染を示すばかりではなく、先に述べた未認定患者運動が盛んであったことも影響している。

こうした背景をもつ漁村の海岸線を歩き、患者たちの心に思いを寄せてほしい。

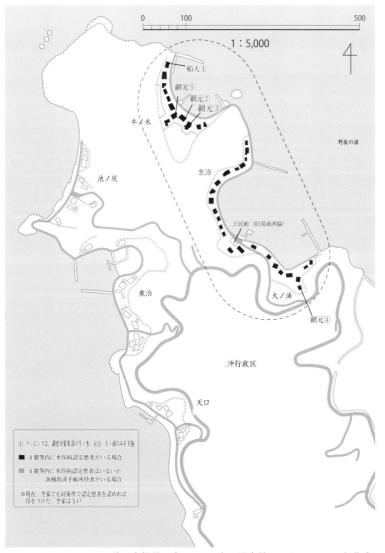

注：水俣学研究センター全戸調査結果をもとに 2012 年作成

# 神川を越えると出水

## 県が違っても海は同じ

Map4 C-2,D-2

国道3号を南下し、袋の鉄道の高架をくぐって200mほど進むと幅4mほどの神川（境川ともいう）がある。この川が熊本と鹿児島の県境で川を越えると鹿児島県出水市である。橋を渡ると薩摩国、言葉も鹿児島弁。かつて薩摩は浄土真宗が禁制で、真宗の信者は国境を越えて水俣の寺までお参りに来ており、隠れ念仏と言われていた。そのため国境管理は厳しい。薩摩街道には関所（野間の関）が設けられていた。海路で隠れてくるルートもあった。

出水の方へ海岸線を進むと、切通、前田、米ノ津港、下鯖淵、下知識、住吉、汐見、さらに海岸伝いに潟、荘、蕨島などの患者多発漁村が続く。出水平野が広がっており、芦北海岸や御所浦などの島々とも異なった漁村風景がある。ここまでくるとシベリアからのツルの飛来地で有名なところに出る。毎年1万羽を超えるツルが12月から3月ぐらいまで見られる。出水は『延喜式』（平安時代に編纂された律令の施行細則）に出てくる歴史の古い町であり、第二次世界大戦中は特攻基地も置か

名護漁港（2004年）

れており、阿川弘之の小説『雲の墓標』に描かれている。主人公の海軍予備学生は出撃前に水俣上空を訓練飛行している。

地先には人口8人（2018年現在）の桂島がある。西へ向かって阿久根市に入ると不知火海中最も潮の流れが速い黒の瀬戸がある。現在、橋が架かっていて長島に通じる。その北の獅子島と同様にここも漁業の盛んなところで水俣病患者も多い。

出水地区の最初の患者は下鯖淵の網元、釜鶴松で、1959（昭和34）年6月に発病し16カ月後に亡くなった。釜のことは石牟礼道子の『苦海浄土』のゆき女きき書の章に詳しく書かれている。同年8月に下鯖淵の漁師が、9月に下知識の漁師が発病していた。

鹿児島県には認定患者が493名、水俣病総合対策医療事業の対象者は15,000名を超えているが、その大半は出水である。

出水市は1960年に人口は45,214人であった。2018年現在は約54,000人で認定患者は379人、長島・獅子島（長島町）には83人の認定患者がいる。ただ、救済策の対象地区は合併前の出水市と旧高尾野町の一部、長島でも東町、さらに阿久根市の一部という不合理で入り組んだ線引きがされている。

2004（平成16）年の水俣病関西訴訟最高裁判決以降、認定申請者が急増し、少しずつ水俣病について語ることができるようになった。

県は異なるといえども水俣の隣町であり、何よりも海はつながっている。海上での人の往来も盛んで、芦北町の漁村には出水の漁村との縁のある人も少なくない。もちろん魚には県境などあるはずもなく自由に行き来しており、水銀汚染もそしてそれによる被害も同様に発生している。

# 御所浦島と水俣病
## 隠れ水俣病の島

Map3 C-1

不知火（八代）海を隔てて水俣の向こうにある細長い島が（仏の寝相に似ている）御所浦島で、やや三角形に似たのが獅子島である。御所浦島は天草で熊本県、獅子島は旧東町で鹿児島県である。2006（平成18）年に御所浦町は合併して、天草市御所浦となったが、御所浦島、横浦島、牧島の3島の21.57km²からなる。主な集落は嵐口、本郷、大浦、本浦、椛の木などがあり、水俣病が発生した当時は8,500人あまりが住んでいたが、2015年現在は2,750人ほどとなっている。ほとんどが漁業および関連産業（半農半漁）で生計をたてている。いまも庭先にはカタクチイワシをゆでる釜と煙突の跡や各家々には大小さまざまなエビス像を見ることができる。水俣から直線距離で約15kmであるが、島の小高い丘からは水俣がよく見え、チッソ水俣工場のサイレンが聞こえる。水俣川の流れは直接この島の梅戸の崎に流れ着くという。松依姫（マチョガヒメ）伝説というのがある。源氏の流れを引く絶世の美人であっ

たが、平氏の残党に殺されて海に投げ込まれ、その首がこの梅戸の崎に流れ着いたという。それでこの岬の松は悲しそうに泣くといわれた。松依姫の話は別として、潮流のために1969（昭和44）年の水俣市湯出川の洪水時には溺死者がここに流れ着いている。水俣工場から流された水銀の行方を考える上で興味深い話である。

昔、原田正純医師が患者から皮肉られた。「先生、魚は海の真ん中にいるでしょう。それが水俣側から獲りにきたら水俣病をおこし、御所浦から獲りに来たらなぜ、水俣病にならんとですか」と。1971年、熊本大学医学部第2次研究班が調査をするまで御所浦には患者はいなかった。それは調査をしていなかったし、認定申請者もいなかったからであ

1960年代、御所浦町大浦（撮影・塩田武史）

る。どんなに考えても水俣病患者がいないはずがなかった。1959年には獅子島や御所浦でネコの発病が確認されており、1960年から3年間にわたり熊本県衛生研究所は御所浦住民2,033人の頭髪水銀を測定しており、10〜50ppm未満が1,287人、50ppm<sup>(注)</sup>を超えた人が220人、最高値は920ppmであった。この920ppmの女性は検診を受けることもなく、亡くなっている。357ppmの患者は10年後にかろうじて水俣病と認定された。

御所浦島全景

島原・天草一揆（1637年）後の隠れキリシタンにちなんで「隠れ水俣病」といわれたが、隠れたのではなく、隠されたのであった。患者が認定されるまでの初期には熊大の医学生グループや新潟大学の白川医師たちが掘り起こしを行っていた。1,400人以上が認定申請して、認定されたのはわずか50人あまりでしかない。1996（平成8）年の政治解決で大部分の患者が和解した。関西訴訟判決以降、この島でも認定申請者が増えたが、特措法による被害者手帳の申請までは住民の多くが水俣病そのものに対する忌避感が強かった。島に渡って島の漁村風景や暮らしを見ることは、その地域の水俣病に対する歴史を知ることになる。ぜひ民泊をして、海とともに生きる人々の暮らしに触れてみたい。

また、高さ442mの烏峠に登れば、360度視界が広がり、不知火海を一望できる。ここは化石の島といわれ2012年にはアジアで初となる白亜紀の新属新種の大型魚類化石も発見されている。そのようなロマンもある島である。

（注）国際的には毛髪中水銀濃度10ppm以上で影響を受け、25〜50ppmが水俣病を発症する目安とされている。

# 御所浦採石場
## 水俣病や鉄鋼スラグに振り回される恐竜の島

Map3 C-1

**19**77（昭和52）年から1990年までに行われた水俣湾公害防止事業では、水俣湾内の高濃度の水銀含有底質ヘドロを浚渫し、埋立地を造成した。浚渫したヘドロの上に遮水シートが敷かれ、その上に厚さ1mの山砂が盛られ、エコパーク水俣として運動公園に整備された（P40参照）。山砂の多くは水俣市の北西に位置する御所浦島の採石場から持ち込まれたものである。

御所浦島は天草地域の中で、離島振興法の対象の島である。景行天皇の巡幸時に行宮が置かれたという伝説をもとにつけられた地名である。天草市御所浦町地区は御所浦島、牧島、横浦島の3つの有人島を含む大小18の島々からなり、有人島の総面積は約20㎢、人口は約2,750人（2015年国勢調査）である。

1997（平成9）年に高知大学のグループによって草食恐竜のものと思われるすね部分の化石が発見されて以来、恐竜の島として知られるようになった。無人の弁天島には約9800万年前の肉食恐竜の足跡化石が発見された。御所浦島に天草市立御所浦白亜紀資料館が建てられている。

御所浦島の西側、水俣市の対岸側には3カ所の採石場があり、うち1カ所から前述のエコパーク水俣の埋立てのための山砂を搬出した。

操業を停止したもう一つの採石場では、2016年に、鉄鋼スラグや八代港の浚渫土砂によって、採石場跡を埋立て、アルカリ性の強いたまり水が発生、中和処理して、排水しているため、周辺海域への影響を懸念する住民運動が起きている。

最近、操業中の採石場からは、沖縄の辺野古埋立てのために山砂を持ち出す計画が持ち上がっている。

御所浦採石場跡のたまり水（2016年撮影）

# 水俣の歩き方　モデルコース

→徒歩
⇒バス利用

## ■■ 半日コース

### 水俣病の爆心地から水銀ヘドロが眠る埋立地へ

肥薩おれんじ鉄道水俣駅 → チッソ（現 JNC）水俣工場正門 → 百間排水口・水俣病巡礼一番札所 → 埋立地 → 親水護岸 → 本願の会 魂石

### 資料館めぐり

肥薩おれんじ鉄道水俣駅→水俣市立水俣病資料館→国立水俣病情報センター→相思社歴史考証館

### 産廃（カーバイド残渣）が眠る八幡残渣プール

肥薩おれんじ鉄道水俣駅→チッソ旧三本松社宅→八幡残渣プール→チッソ築地アパート・八幡社宅跡（メガソーラー発電所）→チッソ旧工場→熊本学園大学水俣学現地研究センター

### 水俣病の多発した漁村を歩く①

肥薩おれんじ鉄道水俣駅⇒茂道漁港バス停（みなくるバス）→茂道→湯堂→坪段→湯堂バス停⇒肥薩おれんじ鉄道水俣駅

### 水俣病の多発した漁村を歩く②

肥薩おれんじ鉄道水俣駅⇒出月バス停→坪段→湯堂→相思社歴史考証館→陣原団地前バス停（みなくるバス）⇒肥薩おれんじ鉄道水俣駅

## ■■ 1日コース

### 水俣病の爆心地から水銀ヘドロが眠る埋立地へ

肥薩おれんじ鉄道水俣駅→チッソ（現 JNC）水俣工場正門→百間排水口・水俣病巡礼一番札所→埋立地→親水護岸・本願の会 魂石→水俣市立水俣病資料館→国立水俣病情報センター→道の駅みなまた　たけんこ（昼食）→相思社歴史考証館

### 原因企業チッソ関連施設を歩く

肥薩おれんじ鉄道水俣駅→チッソ（現 JNC）水俣工場正門→百間排水口→梅戸港→鶴岡食堂（昼食）→八幡残渣プール→旧工場→チッソ附属病院跡→肥薩おれんじ鉄道水俣駅

### 水俣病の爆心地から患者の多発した漁村へ

肥薩おれんじ鉄道水俣駅→チッソ（現 JNC）水俣工場正門→百間排水口・水俣病巡礼一番札所⇒出月バス停→坪段→湯堂→南里（昼食）→茂道、茂道漁港⇒陣原団地前バス停→相思社歴史考証館→陣原団地前バス停⇒肥薩おれんじ鉄道水俣駅

## ■ 2日コース

**患者の多発した芦北海岸沿いの漁村と離島を歩き、水銀汚染と水俣病の広がりを実感する**

1日目：津奈木、赤崎、平国、福浦、女島、佐敷、田浦（海岸道路）
肥薩おれんじ鉄道水俣駅から津奈木、平国、福浦、佐敷へは産交バスを利用、あるいは肥薩おれんじ鉄道の津奈木、湯浦、佐敷、海浦、肥後田浦駅からアクセス

2日目：御所浦、牧島（海上タクシー、乗り合い海上タクシー（P71参照））、獅子島、出水
御所浦、牧島、獅子島などの離島へは、海上タクシー・乗り合い海上タクシー・フェリーを利用。出水へは、肥薩おれんじ鉄道・南国バスを利用。

## ■ 移動の方法（アクセス）

### ぶらぶら歩く

時間に余裕があれば、水俣の街、工場周辺、漁村地区などを自分の足で歩いてみよう。
参考：肥薩おれんじ鉄道水俣駅から、チッソ（現JNC）正門まで2分、百間排水口まで10分、山王神社まで15分、親水護岸まで30分、茂道まで90分

### レンタサイクルを借りる

天気がよい日には、自転車に乗って心地よい風を体で感じながら街を回ってみよう。水俣市では、人と環境にやさしい「自転車のまちづくり」を進めています。自転車市民共同システムを利用すれば、観光で一時的に自転車を利用したい人は一時利用券を発行し、無料で自転車が借りられます。
参考：貸出ステーションは道の駅みなまた、新水俣駅、水俣駅前広場、エムズシティ
水俣市地域振興課（0966-61-1606）　貸出状況 https://f-cs.jp/sf-r/?id=mina0001

### 公共交通（バス）に乗る

市内各地区（袋、茂道、湯堂、水俣港など）、湯の鶴温泉、湯の児温泉、出水・阿久根方面、鹿児島空港などへは、産交バス、南国バス、水俣市コミュニティバス（みなくるバス）を利用することもできます。
連絡先：産交バス（0966-63-2185）、南国バス（0996-62-1626）、
水俣市地域振興課（0966-61-1606）

### レンタカーを借りる

4〜5人のグループであれば、レンタカーを利用することも考えてみよう。
連絡先：TOYOTA SHARE JR新水俣駅（高架下駐車場）0800-666-2077
キャルレンタカーモーモーレンタカー新水俣駅前 0966-63-5888
（いずれも要予約）

### 海上タクシーを利用して

御所浦町の本郷港1社、嵐口港6社、横浦港2社、牧本港1社の10社ある。料金は片道11,500円（要予約）。
連絡先：御所浦物産館「しおさい館」　0969-67-1234
獅子島汽船　0966-63-2248/090-5744-5622
https://peraichi.com/landing_pages/view/shishijimakisen/

# 水俣病を学び、伝えているところ

## （財）水俣病センター相思社

Map1 C-3

　水俣病患者および関係者の生活全般の問題について相談、解決にあずかるとともに、水俣病に関する調査研究ならびに普及啓発を行うことを目的としている。水俣案内、講演、機関誌「ごんずい」、ホームページ、資料収集・整備・提供・情報発信等の活動をしている。

〒 867-0034 水俣市袋 34
TEL 0966-63-5800　FAX 0966-63-5808
http://www.soshisha.org/jp/
E-mail:info@soshisha/org

## 水俣ほたるの家／遠見の家

Map1 D-5/Map1 C-2

　水俣病が「最終的全面解決」したと言われた 1996 年、被害者たちと終わらない水俣病の課題に取り組み、ともに小さな灯をともし続ける場として、ほたるの家はスタートした。被害者団体の事務局や申請、検診、医療生活相談などの活動を続けている。

水俣ほたるの家
〒 867-0023 水俣市南福寺 108
TEL/FAX 0966-63-8779（訪問の際は、要連絡）
NPO 法人水俣病協働センター遠見の家
〒 867-0034 水俣市袋 705-4
TEL 0966-62-0280

## 社会福祉法人 さかえの杜 ほっとはうす

Map1 F-5

　子ども達に伝えるために小学校に出かけることから始まり 1998 年 11 月に開設。今では小中高生から大学生・研究者まで広がっている。若い患者と寄り添う者が共同で紡ぎだす言葉は縦糸と横糸、息づかいの聞こえる関係の中で出来上がる一枚の織物として水俣病を伝えている。
　ほっとはうすは水俣病や困難な状況にある人が「ほっと」する癒しの場であり、『水俣病を伝えること』それは義務と責任であると考えている。

〒 867-0065 水俣市浜町 1-9-17
TEL 0966-62-8080　FAX 0966-83-6200
https://www.hottohausu.com
E-mail:hottohausu@mx35.tiki.ne.jp

## 社会福祉法人くまもと障害者労働センター エコネットみなまた

Map1 C-3

　40年近く、農薬や化学肥料を使わないミカンを育て、環境にやさしい石けん作りに取り組んでいる。一度環境破壊を起こせば人や自然は元の姿に戻れないことを過去の経験から学び、大量生産、消費、廃棄ではなく、未来につながる暮らしかたを提案し、水俣ならではの安心・安全な商品を届けている。今の水俣を巡り、私たちの暮らしを未来につなげるツアーや案内、ホールの貸し出しも行っている。

〒 867-0023　水俣市南福寺 60
TEL 0966-63-5408　FAX 0966-63-3522
https://www.econetminamata-shop.com/
E-mail:infoeconetminamata@gmail.com

## ㈲ガイアみなまた

Map1 C-4

　小規模ながら、1977年から、かつては漁業者であり、今は甘夏みかんを育てる人々と、水俣病事件をも媒介にして手を携えて活動してきた。甘夏の販売・加工が主な業務だが、溝口棄却取消訴訟の支援など、社会運動にも取り組んでいる。

〒 867-0034　水俣市袋 1-39
TEL 0966-62-0810　FAX 0966-62-0814
https://kibarumikan.base.shop

## 一般社団法人 きぼう・未来・水俣

Map1 E-4

　胎児性・小児性水俣病患者自らが、水俣病の課題と学びを発信している。また、水俣病を伝える学習も受け入れている。

〒 867-0051　水俣市昭和町 2-4-8 西田ビル 1F
TEL 0966-63-6741　FAX 0966-83-6066
Email：kibou-minamata@herb.ocn.ne.jp
開館　火曜日〜土曜日、9：00〜18：00

## NPO みなまた

Map1 E-4

　水俣病第三次訴訟の和解を契機に設立された。訴訟資料など水俣病関連資料の管理、そして、調査研究を通じた成果の発信をしている。

〒 867-0045　水俣市桜井町 2 丁目 2-20
TEL 0966-62-9822　FAX 0966-62-1154
https://minamata.org/
E-mail：npo@minamata.org

## 一般社団法人　水俣病を語り継ぐ会

Map1 E-2

　若い世代に水俣病を語り継いでもらうため、語り部の吉永理巳子が中心となり 2013 年に設立。講師を招いての「水俣病学習会」や、水俣病資料館解説員の養成などを進めている。

〒 867-0055　水俣市明神町 1-14
TEL 0966-83-7181　FAX 0966-62-7181
https://kataritugu.jimdofree.com
E-mail:binnokaze@gmail.com

## 天草市 「いさな館」

Map3 C-1

〒 866-0313　天草市御所浦町御所浦 3527
　　　　　　（天草市御所浦支所 2 階）
TEL 0969-67-1070

## 水俣市総合もやい直しセンター 「もやい館」

Map1 F-5

〒 867-0005　水俣市牧ノ内 3-1
TEL 0966-62-3120　FAX 0966-62-3130

## 水俣市南部もやい直しセンター 「おれんじ館」

Map1 D-3

〒 867-0035　水俣市月浦 195-2
TEL/FAX 0966-62-2111

## 芦北町社会福祉協議会本所 「きずなの里」

Map2 C-4

〒 869-5563　葦北郡芦北町大字湯浦 1439-1
TEL 0966-86-0294　FAX 0966-86-2260

## 芦北町女島活動推進センター 「ゆめもやい」

Map2 B-3

〒 869-5564　葦北郡芦北町大字女島 770-14
TEL 0966-86-2152

# 水俣病事件について知るための施設

## 水俣市立水俣病資料館

Map1 E-2

水俣病資料館は、公害の原点といわれる水俣病を風化させないために、残っている貴重な資料を収集、保存して後世にこれを伝える目的で建設された。そのため資料館では、公害の悲惨さを写真の展示や映像で紹介するとともに、患者さんの受けた差別などつらい体験を伝える語り部制度を実施している。

今では年間約4万人の方々が資料館を訪れ、公害学習、環境学習はさることながら、人権教育の場としても活用されている。

2016年に展示をリニューアルした。

〒867-0055 水俣市明神町53
TEL 0966-62-2621　FAX 0966-62-2271
https://minamata195651.jp
開館時間：9：00～17：00

入館料：無料
休館日：毎週月曜日（月曜日が祝休日の場合は翌日）、
　　　　年末年始（12月29日～1月3日）

## （財）水俣病センター相思社水俣病歴史考証館

Map1 C-3

水俣病歴史考証館は、チッソによって引き起こされた水俣病事件を永く私たちの記憶にとどめるために設立された。「不知火海－豊かな海と暮らし」「水俣病－チッソの犯罪」「闘い－被害者の道のり」「現在－私たちの課題」の4つのテーマから見た写真・解説パネル約100枚、猫実験の小屋、木船、漁具、チッソ製品等を展示している。水俣病を起こした近代社会を問いながら、私たちのライフスタイルを見直すことも重要である。

〒867-0034 水俣市袋34
TEL 0966-63-5800　FAX 0966-63-5808
https://www.minamatadiseasemuseum-jp.net/
開館時間：9：00～17：00
　　　　　日祝は10：00～16：00

入館料：大人550円　高校生440円
　　　　小中学生330円
　　　　水俣市・芦北町・津奈木町・出水市・
　　　　御所浦島・獅子島の方は無料

休館日：毎週土曜日、年末年始（12月29日～
　　　　1月4日）

## 熊本学園大学水俣学現地研究センター

Map1 F-5

水俣学現地研究センターは、「負の遺産としての公害、水俣病を将来に活かす」ことを目的として故原田正純先生によって提唱され、2005年4月に発足した熊本学園大学水俣学研究センター（熊本市中央区大江）と水俣現地をつなぐ研究拠点として、同年8月に開設された。新日本窒素労働組合旧蔵資料のほか、水俣病事件に関する書籍・資料を数多く所蔵し公開している。また、水俣学研究センターの刊行物である『水俣学講義』、『水俣学ブックレット』等を販売している。

〒867-0065　水俣市浜町2-7-13
TEL 0966-63-5030　FAX 0966-83-8883
https://gkbn.kumagaku.ac.jp/minamata/
E-mail:m-genchi@kumagaku.ac.jp
開館時間：10：00 ～ 16：00

入館料：無料
休館日：毎週日・月・土曜日、祝日、年末年始など（お問い合わせください）

### 新日本窒素労働組合旧蔵資料　データベース

このデータベースは平成21年度、平成23年度および平成24年度に独立行政法人日本学術振興会科学研究費補助金（研究成果公開促進費）を受けて作成したものです。

このデータベースは、水俣病の原因企業であるチッソ株式会社の労働組合である新日本窒素労働組合の資料目録をデータベース化したものです。新日窒労組は会社と対立する形で水俣病患者の支援運動に乗り出した組合で、日本の労働運動史上に特筆されるべき活動を行った組合です。

| 文献目録 | 写真目録 | 物品目録 |
|---|---|---|
| （表題、作成者、備考から） | （タイトル、人物、備考等から） | （名称、製作者から） |
| 検　索 | 検　索 | 検　索 |
| 詳細検索 | 詳細検索 | 詳細検索 |

### 映像で見る新日本窒素労働組合の歴史

映像で見る歴史

水俣学研究センターホームページのデータベース

## 国立水俣病総合研究センター

Map1 G-5

　国立水俣病研究センターは、水俣病が我が国の公害の原点であること、およびその深刻な歴史的な背景と社会的重要性を考えあわせ、水俣病対策の一層の推進に役立つように、水俣病に関する総合医学研究を実施し、水俣病患者の医療の向上を図ることを目的として、1978年10月に熊本県水俣市に設置された。1996年7月には、国立水俣病総合研究センターとして改組された。

〒867-0008 水俣市浜 4058-18
TEL 0966-63-3111㈹　FAX 0966-61-1145
http://nimd.env.go.jp/

## 国立水俣病情報センター

Map1 E-2

　水俣病に関する資料・情報を一元的に収集、保管、整理して広く提供するとともに、水俣病に関する研究に貢献する事を目的として2001年6月に開館した。展示室、資料室、講堂、水俣病健康相談室のほか、社会科学研究室および自然科学研究室を備えている。展示室と資料室は一般公開している。

〒867-0055 水俣市明神町 55-10
TEL 0966-69-2400　FAX 0966-62-8010
http://nimd.env.go.jp/archives/
開館時間：9：00 〜 17：00
休館日：毎週月曜日（月曜日が祝休日の場合はその
　　　　次の平日）
　　　　年末年始（12月29日〜1月3日）

## 熊本県環境センター

Map1 E-2

　県環境センターは、水俣市の最西端の八代海を見下ろす、風光明媚な明神崎に設置されている。ここでは、「水俣病」を教訓にして、地域や地球で起こっているさまざまな環境問題をはじめ、自然との共生や調和のあり方について、水の汚れや自動車排気ガスの実験、ごみを減らすための買い物の仕方や分別体験、樹木の二酸化炭素吸収量の調査、講話などにより、環境にやさしい暮らし方を学ぶことができる。

〒867-0055 水俣市明神町 55-1
TEL 0966-62-2000　FAX 0966-62-1212
https://www.kankyo-kumamoto.jp/center/
開館時間：9：00 〜 17：00
休館日：毎週月曜日（月曜日が祝休日の場合は翌日）、
　　　　年末年始（12月29日〜1月3日）

## 水俣環境アカデミア

Map1 E-4

　環境対策技術の開発、普及に関する情報発信拠点として、また、環境管理施策、行政施策を学ぶ場。水俣病被害者の救済及び水俣病問題に関する特別措置法に基づく地域振興策の一環で、市などが運営する。

〒867-0023　水俣市南福寺 6-1
TEL 0966-84-9711　FAX 0966-84-9713
https://www.city.minamata.lg.jp/list01147.html
Email：academia@city.minamata.lg.jp
開館　9：00 〜 19：00
休館　土日祝日及び年末年始

# 現地案内連絡先

## 水俣芦北公害研究サークル

　本サークルは、1976年に水俣芦北の小中学校の教員を中心に結成された。以来、県内外の児童生徒・教職員の水俣現地案内を引き受けている。また、学校の職員研修等に講師として呼ばれることもある。
　目に見えにくくなっている「水俣病」を、単に知識としてではなく、自分と重ねて捉えてほしいとの思いが強い。ぜひ、患者さんと接する機会も作りたいと思っている。
連絡先：梅田卓治　〒867-0046　水俣市山手町2-9-7　TEL　0966-63-8516

## 社会福祉法人くまもと障害者労働センターエコネットみなまた　　Map1 C-3

　1987年、水俣病の教訓から、水俣病患者、チッソ労働者、水俣市民など54名の共同の力で水俣せっけん工場を設立し、2005年「企業組合エコネットみなまた」となった。2023年10月より「社会福祉法人くまもと障害者労働センターエコネットみなまた」として新しい歩みを踏み出した。現在は、環境保護運動を事業として展開中。現地を案内するのは、患者や元チッソ労働者、市民運動家など多彩なメンバー。水俣病の発生当時の話や、今なお終わらない水俣病事件の今日的状況を含め、ありのままの水俣を伝えている。費用は要相談。
〒867-0023　水俣市南福寺60　TEL 0966-63-5408　FAX 0966-63-3522
https://www.econetminamata-shop.com　E-mail:infoeconetminamata@gmail.com

## 一般社団法人環不知火プランニング　　Map1 E-4

　水俣病の悲劇を二度と繰り返してはならないという教訓を教育旅行や視察研修などで県内外から来られる方たちが水俣・芦北現地で学ぶためのコーディネート・企画・受入をしている。おススメは、水俣市民が案内をするフィールドワークを中心としたプログラムや自然を活かしたものづくり体験。また、水俣・芦北の豊かな山海、人などの地域資源を活かしたツーリズム創造や特産品の開発など地域づくり事業などを行っている。
〒867-0051　水俣市昭和町2-4-8 西田ビル1階
TEL0966-68-9450　FAX050-3730-3585　https://www.kanpla.jp/
E-mail:info@minamatakumamoto.jp

## （財）水俣病センター相思社　　Map1 C-3

〒867-0034 水俣市袋34
TEL 0966-63-5800　FAX 0966-63-5808
http://www.soshisha.org/jp/
（※ p67の水俣病歴史考証館の項を参照）

# 水俣の宿と温泉

## ■■ 水俣駅周辺のホテル・旅館

**スーパーホテル水俣**
水俣市大黒町 1-1-38　　TEL 0966-63-9000
https://www.superhotel.co.jp/h_links/minamata/

**Tabist Hotel サンライト水俣**
水俣市桜井町 3-2-31　　TEL 0966-63-0045
https://tabist.co.jp/

## ■■ 湯の児温泉　　Map1 H-6

水俣駅よりバス15 分、徒歩 1 時間

齊藤旅館（入浴）　　TEL 0966-63-2463

昇陽館（素泊まり、入浴）TEL 0966-63-4121
　　https://www.shoyokan.com
　　shoyokan@galaxy.ocn.ne.jp

湯の児海と夕やけ（宿泊、入浴）TEL 0966-62-6262
　　https://www.umitoyuyake.com/
　　info@umitoyuyake.com

松原荘（宿泊、入浴）　　TEL 0966-63-2723
　　http://www.matubaraso.jp/　yunoko@matubaraso.jp

エコホテル　湯の児荘（宿泊）TEL 0966-63-3591

温泉いわさき（宿泊、入浴）TEL 0966-62-3354
　　https://onsen-iwasaki.sakura.ne.jp

白梅湯裸楽（宿泊、入浴）　TEL 0966-62-1234
　　https://www.kaigocsc.co.jp/shiraume/yurara

## ■■ 湯の鶴温泉　　広域地図 F-4

水俣駅よりバス20 分、徒歩 2 時間

あさひ荘（宿泊、入浴）　TEL 0966-68-0111
　　https://www.asahisou.jp/

喜久屋旅館（宿泊、入浴）　TEL 0966-68-0211

温宿　鶴水荘（宿泊、入浴）　TEL 0966-68-0033
　　https://turumisou.com/

温泉ゲストハウス　Tojiya（宿泊、入浴）TEL 0966-68-0008
　　https://tojiya.jp/

湯の鶴温泉保健センターほたるの湯（入浴）TEL 0966-68-0811

## ■■ 御所浦　　Map3 C-1

水俣港より海上タクシーで30 分

定期船運航日：毎日　3 往復
　　＊事前予約制、予約は前日の 17 時まで
予約先：しおさい館　0969-67-1234
ホテル、旅館、民宿など十数軒あり。
詳細は、

御所浦物産館「しおさい館」観光案内所
　　　　TEL 0969-67-1234

御所浦.net　https://www.goshoura.net/

# 食事・お休み・おみやげ (市街地には、この他にもたくさんの飲食店がある)

## ■ 水俣市

愛林館・棚カフェ(水俣市久木野ふるさとセンター)　Map2 D-6
　TEL 0966-69-0485　（カフェ・タイカレー）

アマンド　Map1 E-4
　TEL 0966-62-5020　（喫茶）

一心大将　Map1 F-5
　TEL 0966-62-0123　（居酒屋・きびなご天）

貝汁味処　南里　Map1 C-3
　TEL 0966-62-4200　（貝汁・太刀魚丼）

菓子工房アルルカン　Map1 E-4
　TEL 0966-63-7558　（洋菓子）

がんぞー　Map1 E-4
　TEL 0966-63-2136　（居酒屋・魚）

喜楽食堂　Map1 F-5
　TEL 0966-62-2629　（定食・ちゃんぽん）

寒川水源亭　Map1 F-5
　TEL 0966-69-0776　（夏場　ソーメン流し）

三太郎餅本舗　Map1 F-4
　TEL 0966-62-2669　（三太郎餅）

食処かしわぎ　広域地図 F-4
　TEL 0966-68-0031　（うなぎは3〜10月要予約）

酔仙食堂　Map1 E-4
　TEL 0966-63-6123　（居酒屋・ちゃんぽん）

曽木の瀧　Map1 E-4
　TEL 0966-63-2340　（定食・魚、予約のみ）

鶴岡食堂　Map1 F-3
　TEL 0966-62-3436　（ちゃんぽん）

博多製菓　Map1 F-5
　TEL 0966-62-1522　（パン各種）

風季のとうパン工房　Map1 E-4
　TEL 0966-62-2910　（焼きたてパン）

蜂楽饅頭　Map1 E-4
　TEL 0966-63-2673　（回転焼・かき氷）

道の駅みなまた　たけんこ　Map1 D 3
　TEL 050-5494-8993　（ちゃんぽん・ランチバイキング）

水俣市ふれあいセンター(まちかど休憩所)　Map1 E-4
　TEL 0966-84-9909　（水俣茶、持込可）

もじょか堂　Map1 E-4
　TEL 0966-83-5004　（水俣の農産加工品・おみやげ）

モンヴェール農山　Map1 F-5
　TEL 0966-68-0028　（焼肉）

モンブランフジヤ　Map1 E-4
　TEL 0966-63-1179　（洋菓子）

矢城食堂　Map1 F-4
　TEL 0966-62-2846　（定食・ちゃんぽん）

柳屋本舗　Map1 E-5
　TEL 0966-63-2239　（美貴もなか）

湯の児スペイン村　福田農場　Map1 G-6
　TEL 0966-63-3900　（パエリア）

湯の鶴迎賓館「鶴の屋」　広域地図 F-4
　TEL 0966-68-0268　（ディナーのみ要予約）

レストラン　ナポレオン　Map1 F-5
　TEL 0966-63-2328　（洋食）

## ■ 芦北町

道の駅 芦北でこぽん (ファーマーズマーケットでこぽん)　Map2 C-3
　TEL 0966-61-3020　（あしきた牛・でこぽん）

道の駅　たのうら　Map2 B-2
　TEL 0966-87-2230　（太刀魚丼）

## ■ 御所浦町

居酒屋げんき　Map3 C-1
　TEL 0969-67-1833　（民宿・海幸）

松苑　Map3 C-1
　TEL 0969-67-2433　（定食）

寿司正　Map3 C-1
　TEL 0969-67-2405　（いのしし料理、2日前の予約が必要）

よさこい　Map3 C-1
　TEL 0969-67-3535　（定食）

よりみち食堂　Map3 C-1
　TEL 0969-54-0346　（魚貝類）

# 水俣病事件略年表

| 1908 | 8 | 水俣に日本窒素肥料株式会社発足 |
|---|---|---|
| 1926 | 4 | 日窒工場排水による漁業被害に対し水俣町漁協に見舞金 1,500 円を支払う |
| 1932 | 5 | 水俣工場、アセトアルデヒド生産開始、工場排水、百間港へ放出始める |
| 1953 | 12 | 水俣市出月で女児発病 (後に水俣病患者第 1 号と確認される) |
| 1954 | 6 | 水俣市茂道でネコが狂死、ほとんど全滅 |
| 1956 | 4 | 水俣市月浦の 5 歳の女児、新日窒水俣工場附属病院を受診 (21日) |
| | 5 | 新日窒附属病院、水俣保健所に「原因不明の患者 4 名発生」を報告 (水俣病公式確認といわれる)。(1 日) |
| 1957 | 4 | 伊藤蓮雄水俣保健所長の実験で水俣湾の魚を投与したネコ発病 |
| | 9 | 厚生省、汚染魚の捕獲販売を禁止する食品衛生法の不適用決定 |
| 1958 | 9 | 新日窒水俣工場、アセトアルデヒド排水経路を百間港から八幡プールへ変更、水俣川河口へ放流 |
| 1959 | 7 | 熊大研究班、水俣湾の魚介類によって引き起こされる神経系疾患であり、汚染毒物としては、水銀が極めて注目される、と公式発表 |
| | 10 | 附属病院細川院長、ネコ実験で工場排水を投与し水俣病の発症を確認 |
| | 11 | 不知火海沿岸漁民総決起大会。2,000 人余参加で操業中止を求め、工場内に入る。いわゆる「漁民暴動」。(2 日) |
| | | 厚生省食品衛生調査会水俣食中毒特別部会は「水俣病は水俣湾及びその周辺に棲息する魚介類を多量に摂取することによっておこる、主として中枢神経系統の障害される中毒性疾患であり、その主因をなすものはある種の有機水銀化合物である」と答申 |
| | | 水俣病患者家庭互助会、一律 300 万円の患者補償を要求して工場前に座り込み |
| | 12 | 新日窒水俣工場に排水浄化装置 (サークレーター) 完成 |
| | | 患者家庭互助会、今後、原因が工場とわかってもこれ以上補償要求はせず、死者30万円、生存患者年10万円、子ども年 3 万円という「見舞金契約」を新日窒と締結(30日) |
| 1962 | 4 | 安定賃金闘争はじまる。無期限スト ('63.01 終結) |
| | 11 | 患者審査会、16 人をはじめて胎児性水俣病または先天性水俣病と認定 (29日) |
| 1965 | 5 | 新潟大椿教授ら、新潟県衛生部に「原因不明の水銀中毒患者が阿賀野川下流海岸地区に散発」と報告。新潟水俣病の発生の公式確認 |
| 1967 | 6 | 新潟水俣病患者 3 世帯 13 人が昭和電工を相手どり、新潟地裁に提訴 |
| 1968 | 5 | チッソ水俣工場、アセチレン法アセトアルデヒド製造を中止 |
| | 8 | 新日窒労組、水俣病患者の闘いに何もしてこなかったことを恥とする「恥宣言」 |
| | 9 | 政府、水俣病を公害と認定。「熊本水俣病は新日窒水俣工場アセトアルデヒド酢酸設備内で生成されたメチル水銀化合物が原因」とする (26 日) |
| 1969 | 6 | 患者家庭互助会訴訟派 29 世帯 112 人、チッソに対し、総額 6 億 4,000 万円余の慰謝料請求の民事訴訟を熊本地裁に提訴 (いわゆる第一次訴訟)(14日) |
| | 12 | 公害の影響による疾病の指定に関する検討委 (厚生省)で病名を「水俣病」と指定。(17日) |
| 1971 | 8 | 環境庁、川本輝夫らの行政不服審査請求に、熊本県の棄却処分を取り消す裁決、認 |

|      |    | 定についての事務次官通知 |
|------|----|--------------------------|
|      | 10 | 川本輝夫ら「新認定」患者らチッソと補償交渉、いわゆる自主交渉闘争開始。工場正門前および東京本社前に1年9カ月に及ぶ座り込み |
| 1972 | 6  | 国連人間環境会議（ストックホルム）に浜元二徳、坂本しのぶさんら参加、水俣病の現状を世界に訴える |
| 1973 | 3  | 第一次訴訟判決、原告勝訴。水俣病交渉団、チッソと直接交渉開始 |
|      | 7  | 水俣病患者とチッソの間で補償協定書締結 |
| 1974 | 8  | 水俣病認定申請患者協議会発足 |
| 1975 | 3  | 関西水俣病患者の会、東海地区在住水俣病患者家族互助会結成 |
| 1976 | 12 | 認定業務の遅れは違法であるとの不作為違法確認訴訟勝訴判決 |
| 1977 | 7  | 環境庁「後天性水俣病の判断条件について」とする環境保健部長通知 |
| 1979 | 3  | 熊本地裁、チッソ元社長らに有罪判決、（'88年2月最高裁で有罪確定） |
| 1980 | 5  | 水俣病第三次訴訟提起、初の国家賠償請求訴訟 |
| 1982 | 10 | チッソ水俣病関西訴訟提起、国家賠償請求訴訟 |
| 1988 | 7  | 申請患者ら、公調委に対し水俣病の因果関係の原因裁定を申請、9月不受理決定 |
|      | 9  | 水俣病チッソ交渉団、被害者と認め救済せよと水俣工場前に座り込み |
| 1994 | 5  | 吉井正澄水俣市長、水俣病犠牲者慰霊式で市長として初の陳謝 |
|      | 7  | チッソ水俣病関西訴訟大阪地裁判決、国県の責任認めず。控訴 |
| 1995 | 10 | 未認定患者5団体、政府最終解決策を受諾 |
| 1996 | 4  | 水俣病患者連合とチッソの間で協定書締結 |
|      | 5  | 全国連とチッソの間で協定書締結 |
| 1997 | 8  | 水俣湾仕切り網撤去開始（10月完了） |
| 1999 | 6  | チッソに対する金融支援抜本策を閣議了解 |
| 2001 | 4  | 大阪高裁、チッソ水俣病関西訴訟判決、国県の責任を認める。国・県上告 |
| 2002 | 9  | 熊本学園大学で「水俣学」講義開講。（以後毎年開講） |
| 2004 | 10 | チッソ水俣病関西訴訟最高裁判決。国・県の責任を認め、判決確定 |
| 2005 | 4  | 熊本学園大学水俣学研究センター発足 |
|      | 8  | 熊本学園大学、水俣市に水俣学現地研究センター、オープン |
|      | 10 | 水俣病不知火患者会、国・熊本県、加害企業チッソを相手に損害賠償請求訴訟提起 |
| 2006 | 9  | 小池環境大臣私的懇談会「水俣病問題に係る懇談会」認定基準見直さず |
|      |    | 熊本学園大学「環境被害に関する国際フォーラム」開催 |
| 2007 | 3  | 行政不服申し立てをしていた緒方正実さん（49歳）が水俣病認定される |
|      | 4  | 新潟水俣病第3次訴訟提訴（新潟地裁） |
|      | 5  | 棄却取消・水俣病認定義務付川上訴訟提訴（熊本地裁）/F氏訴訟提訴（大阪地裁） |
|      | 10 | 水俣病被害者互助会が国・県、チッソを相手に損害賠償請求訴訟提起 |
| 2008 | 1  | 棄却取消・水俣病認定義務付溝口訴訟原告敗訴（熊本地裁） |
|      | 2  | 溝口訴訟福岡高裁に控訴 |
|      | 12 | 鹿児島県8年ぶりに水俣病認定58歳の男性。認定申請者6,000人を超える |

| 2009 | 7 | 未認定患者救済とチッソ分社化を認める水俣病被害者の救済及び水俣病の解決に関する特別措置法（以下、水俣病特別措置法）が成立 |
|---|---|---|
| 2010 | 6 | 水俣市の中学生が他市中学校とのサッカー練習試合中「水俣病、触るな」と言われる |
| | 7 | 棄却処分取り消しと認定義務付けなどを求めた裁判で、大阪地裁は現行の認定基準を「医学的正当性がない」と否定し、原告を水俣病と認定。熊本県は判決を不服と控訴 |
| 2011 | 1 | チッソが事業部門を譲渡する子会社「JNC（株）」を設立 |
| | 3 | 水俣病不知火患者会の集団訴訟が3地裁で和解成立 |
| 2012 | 2 | 溝口訴訟控訴審判決で、溝口さんが逆転勝訴 |
| | 6 | 原田正純先生が逝去 |
| | 7 | 水俣病特別措置法に基づく未認定患者救済で、申請受付を締め切る。最終的に、当初見込みの2倍を超える65,151人が申請 |
| 2013 | 2 | 特措法で対象外とされた人からの不服申し立てを、鹿児島・熊本県は「却下」の方針 |
| | 3 | 新潟県は受理の方針 |
| | 4 | 溝口訴訟、初めての最高裁による患者認定 |
| | 6 | 水俣病特措法対象外48人が、国・県・チッソに損害賠償を求めて提訴 |
| | 10 | 水銀による健康被害や環境汚染の防止を目指す「水銀に関する水俣条約」を採択 |
| | 10 | 天皇、皇后両陛下が「全国豊かな海づくり大会」で水俣市を初めて訪れ、患者と面会 |
| | 10 | 下田さんについて、国の不服審査会が県の処分を取り消し「認定が相当」と裁決 |
| 2014 | 3 | 環境省、水俣病認定基準運用に関する新指針を通知。認定基準は変更せず、被害者に水銀曝露を証明する客観的資料を求めるなどとしているため、被害者側が反発 |
| | 3 | 熊本地裁、水俣病互助会訴訟で未認定の原告3人の賠償命令。5人は棄却 |
| | 4 | 熊本県が認定審査を国に返上。このため、臨時水俣病認定審査会（臨水審）が12年ぶりに開催 |
| | 5 | 水俣病被害者互助会会長佐藤さんが東京地裁に食品衛生法で水俣病被害調査を熊本県と国に義務付ける訴訟を提訴 |
| | 6 | 水俣病の原因企業チッソが子会社株を譲渡（売却）する際に株主総会の承認を不要とする会社法関連法が、20日の参院本会議で可決、成立 |
| | 8 | 水俣病特別措置法に基づく未認定患者救済で、熊本、鹿児島、新潟3県に一時金を請求した人に対する判定結果<br>一時金給付対象者、熊本1万9,306人、鹿児島1万1,127人、新潟1,829人、被害者手帳のみの給付対象者は6,013人、救済対象外9,649人 |
| | 12 | 鹿児島県は、出水市の60歳代男性を水俣病と認定（鹿児島県の認定患者数493人） |
| 2015 | 6 | 水俣湾周辺で、総水銀濃度が国の暫定規制値（0.4ppm）の2倍を超すカサゴが確認 |
| | 10 | 水俣病被害者互助会7人、公健法による患者認定を熊本県に求める義務付け訴訟を熊本地裁に提訴 |
| | 11 | 熊本県、2014年3月の認定基準運用に関する新通知以後初めて60代の女性1人を認定 |
| | 12 | 水俣病認定基準新通知取り消し訴訟、最高裁判決で原告敗訴 |
| 2016 | 2 | 日本、水俣条約締結を閣議決定<br>熊本県、県外在住の80代女性1人を水俣病患者と認定（熊本県の認定患者1,787人） |
| | 3 | 新潟水俣病、80代の女性1人を水俣病患者と認定（新潟県の認定患者705人） |
| | 5 | 熊本県、60代女性と80代男性を水俣病と認定（熊本県の認定患者1,789人） |
| | 9 | 「水俣病60年　産業災害の教訓・持続可能な社会を目指して」熊本学園大学水俣学研究センター・チュラロンコン大学などと共催でタイの首都バンコクでフォーラムを開催 |
| 2017 | 2 | 胎児性水俣病患者らでつくる「若かった患者の会」が石川さゆりコンサートを主催 |

| | | |
|---|---|---|
| | 5 | 映画監督原一男さんが講演で「人間の形をしていても、中身はもう人間じゃなくなる」などと発言したことに対し患者を傷つける発言と抗議を受け、謝罪<br>関西訴訟最高裁判決勝訴原告 F さん補償協定上の地位確認請求事件、大阪地裁で原告勝訴 |
| | 8 | 「水銀に関する水俣条約」発効 |
| | 9 | 水俣病障害補償最高裁判決、原告の川上さん逆転敗訴<br>胎児性水俣病患者の坂本しのぶさんが、スイス・ジュネーブで開催された「水銀に関する水俣条約」の第1回締約国会議（COP 1）に NGO 参加、水俣病が終わっていないことを訴えた |
| | 11 | 新潟水俣病義務付け訴訟東京高裁　原告 9 人全員を患者と認定するよう新潟市に命じた |
| | 12 | 12 月 15 日に新潟市が 9 人を認定、謝罪した（新潟県の認定患者数 714 人）<br>水俣病を食品衛生法に基づく「食中毒」としないの違法として国・熊本県・鹿児島県に調査などを求めた訴訟で、最高裁判決で上告を退け、原告敗訴 |
| 2018 | 1 | 新潟県、水俣病特措法に基づく判定作業を終了（一時金対象者 1,829 人、手帳のみ 140 人） |
| | 3 | 新潟水俣病第 3 次訴訟東京高裁判決で原告敗訴。4 月上告 |
| | 3 | 関西訴訟最高裁判決勝訴原告 F さん補償協定上の地位確認請求事件、大阪高裁で原告逆転敗訴。4 月上告 |
| | 5 | 慰霊式終了後、チッソの後藤社長が「特措法で可能な限り救済した。私としては終わっている」と発言、批判を受け 18 日発言を撤回 |
| | 10 | 関西訴訟最高裁判決勝訴原告 F さん補償協定上の地位確認請求事件、最高裁で原告敗訴 |
| | 12 | 新潟県、79 歳男性 1 人を水俣病患者と認定。1 年 4 カ月ぶり |
| 2019 | 2 | 熊本学園大学「第 3 回環境被害に関する国際フォーラム」開催 |
| | 3 | 新潟水俣病第三次訴訟最高裁で原告敗訴確定 |
| | 4 | 水俣市役所環境課の「水俣病・もやい推進係」が「環境もやい推進室」になる |
| | 4 | 熊本県、70 歳男性 1 人を水俣病患者と認定（熊本県の認定患者 1,790 人） |
| | 7 | 水俣市議会の「公害環境対策特別委員会」が「環境対策特別委員会」になる |
| 2020 | 1 | 一般社団法人「きぼう・未来・水俣」発足 |
| | 3 | 水俣病被害者認定義務付け訴訟控訴審で原告全員認めず（原告上告） |
| 2021 | 2 | 新潟水俣病男性 1 人を認定　（新潟県の認定患者数 716 人） |
| 2022 | 3 | 水俣病被害者互助会損害賠償請求訴訟、最高裁上告退け、原告敗訴 |
| | 3 | 水俣病被害者互助会認定義務付け訴訟、熊本地裁判決で全員敗訴（控訴） |
| | 4 | 熊本県、70 歳男性 1 人を水俣病患者と認定　（熊本県の認定患者 1,791 人） |
| 2023 | 9 | 熊本学園大学水俣学研究センター、国立国会図書館サーチとジャパンサーチと連携 |
| | 9 | ノーモア・ミナマタ近畿第 2 次国家賠償等請求訴訟大阪地裁判決原告全員勝訴（国・県・チッソ控訴） |

# 水俣市のイベント情報

| 時　　期 | | 内　　　容 | 場　　　所 |
|---|---|---|---|
| 1 月 | 上旬 | 熊日三太郎駅伝競走大会 | 水俣・芦北・津奈木 |
| 2 月 | 下旬 | 市民駅伝競走大会 | エコパーク水俣陸上競技場 |
| 3 月 | 中旬 | 芸能大会 in おれんじ館 | おれんじ館 |
| | 下旬 | サラたまちゃん PR イベント（仮） | エコパーク水俣 |
| 4 月 | 下旬～5 月下旬 | 水俣ローズフェスタ春 | エコパーク水俣バラ園 |
| 5 月 | 1日 | 水俣病慰霊祭 | 乙女塚 |
| | 1日 | 水俣病犠牲者慰霊式 | エコパーク水俣親水緑地 |
| | 中旬 | 棚田のあかり | 久木野寒川棚田 |
| | 中旬 | みなまたローズマラソン | エコパーク水俣 |
| | 下旬 | みなまた物産展 | エコパーク水俣 |
| | 下旬 | 恋龍祭 | エコパーク水俣潮騒の広場 |
| | 下旬 | みなまた花火大会 | エコパーク水俣 |
| 7 月 | 下旬 | 丸島神社祇園さん祭り | 丸島神社 |
| 8 月 | 上旬 | みなまた競り舟大会 | 水俣川河口 |
| | 中旬 | 湯の鶴夏祭り「鈴虫祭」 | 湯の鶴温泉多目的広場 |
| 9 月 | 下旬 | 火のまつり | エコパーク水俣親水護岸明神側 |
| 10 月 | 上旬 | ふくろふれあい祭 | 袋天満宮ふれあい広場 |
| | 上旬 | 中尾山コスモス祭り | 中尾山公園 |
| | 中旬 | 20 区権現宮祭 | 権現宮 |
| | 中旬 | えびす祭り前夜祭 | えびす神社横駐車場 |
| | 下旬 | 市民スポーツ祭り | 市総合体育館 |
| | 下旬 | 山王神社祭 | 山王神社 |
| | 下旬 | 荒神神社祭 | 荒神神社 |
| | 下旬 | 図書館感謝デー | 市立図書館 |
| | 末～11 月中旬 | 水俣ローズフェスタ秋 | エコパーク水俣バラ園 |

| 11月 | 上旬 | 蘇峰筆塚祭 | 蘇峰筆塚前 |
|------|------|-----------|-----------|
| | 上旬 | 袋天満宮本祭 | 袋天満宮相撲場 |
| | 上旬 | 九州和紅茶サミット | エコパーク水俣 |
| | 上旬～中旬 | 市民文化祭 | 市文化会館・もやい館 |
| | 中旬 | みなまた産業団地まつり | 水俣産業団地 |
| | 下旬 | 野川白菜祭り | 野川、白菜畑横 |
| 12月 | 上旬 | ニュースポーツ交流大会 | 未定 |
| | 未定 | ふれあいマラソン | エコパーク水俣 |
| 1～12月 | 毎月第2土曜 | 水俣漁師市 | 丸島新港 |

広報水俣令和5年度　イベント＆スポーツ行事予定　参照
水俣市ホームページ　https://www.city.minamata.lg.jp/default.html

# 参 考 図 書

水俣病事件に学ぶ比較的入手しやすい重要な本を掲げます。まずは手に取ってみてください。

## さしあたりこれだけは　初めて手にとって読む入門書として

原田正純『いのちの旅：「水俣学」への軌跡』
……………………… 岩波現代文庫、2016 年

原田正純『豊かさと棄民たち—水俣学事始め』
………………………………岩波書店、2007 年

宇井純『公害の政治学：水俣病を追って』
………………………………三省堂新書、1968 年

石牟礼道子『苦海浄土』
…………………………………講談社、1969 年

原田正純『水俣病』
………………………………岩波新書、1972 年

原田正純『水俣病は終っていない』
………………………………岩波書店、1985 年

## 基本書　水俣病問題の今を理解するために

高峰武編著『8 のテーマで読む水俣病』
…………………………………弦書房、2018 年

花田昌宣・久保田好生編著『いま何が問われているか：水俣病の歴史と現在』
……………………………………くんぷる、2017 年

原田正純『水俣の赤い海』
……………………………フレーベル館、1986 年

水俣学ブックレット 1 ～ 15　巻末に一覧掲載

### さらに学ぶために

原田正純　水俣病三部作『水俣病にまなぶ旅：水俣の前に水俣病はなかった』
…………………………………日本評論社、1985 年

『水俣が映す世界』
…………………………………日本評論社、1989 年

『水俣への回帰』
…………………………………日本評論社、2007 年

## 専門的な本　水俣病問題を深めるために

津田敏秀『医学者は公害事件で何をしてきたのか』
………………………………………岩波書店、2014 年

原田正純『慢性水俣病：何が病像論なのか』
………………………………………実教出版、1994 年

原田正純『裁かれるのは誰か』
………………………………………世織書房、1995 年

齋藤恒『新潟のメチル水銀中毒症：その教訓と今後の課題』………………文芸社、2018 年

富樫貞夫『〈水俣病〉事件の 61 年：未解明の現実を見すえて』……………弦書房、2017 年

宮澤信雄『水俣病事件四十年』
………………………………………葦書房、1997 年

西村肇・岡本達明『水俣病の科学』
……………………………日本評論社、2001 年

深井純一『水俣病の政治経済学：産業史的背景と行政責任』……………勁草書房、1999 年

橋本道夫編『水俣病の悲劇を繰り返さないために：水俣病の経験から学ぶもの』
……………………………中央法規出版、2000 年

石牟礼道子編『わが死民：水俣病闘争』
……現代評論社、1972 年（復刻版、創土社、2005 年）

東島大『なぜ水俣病は解決できないのか』
…………………………………弦書房、2010 年

原田正純・花田昌宣『水俣学研究序説』
……………………………藤原書店、2004 年

原田正純・花田昌宣編『水俣学講義』
……（第 1 集から第 5 集）日本評論社、2004 年～ 2012 年

## 記録・証言・聞き書き

岡本達明・松崎次夫『聞書水俣民衆史』全 5 巻
……………………………………草風館、1990 年

岡本達明『水俣病の民衆史』全 6 巻
……………………………日本評論社、2015 年

## 水俣病を生きてきた人たち

熊本学園大学水俣学研究センター・熊本日日新聞社編著『原田正純追悼集：この道を―水俣から』
………………………………熊本日日新聞社、2012 年

松本勉・上村好男・中原孝矩編『水俣病患者とともに：日吉フミコ闘いの記録』
……………………………………草風館、2001 年

川本輝夫著、久保田好生・阿部浩・平田三佐子・高倉史朗編『水俣病誌』
······················世織書房、2006 年

栗原彬編『証言　水俣病』
······················岩波書店、2000 年

木野茂・山中由紀『新・水俣まんだら、チッソ水俣病関西訴訟の患者たち』
······················緑風出版、2001 年

石田博文『水俣病と労働者─チッソ水俣の労働者は水俣病とどう向きあったのか』
······················2013 年（自費出版）

中村和博『チッソで働いた蟻のつぶやき』
······················文芸社、2012 年

土本典昭『土本典昭：わが映画発見の旅─不知火海水俣病元年の記録─』人間の記録 128
······················日本図書センター、2000 年

平野恵嗣『水俣を伝えたジャーナリストたち』
······················岩波書店、2017 年

緒方正人『チッソは私であった』
······················葦書房、2001 年

緒方正実著、阿部浩・久保田好生・高倉史朗・牧野喜好編『水俣・女島の海に生きる：わが闘病と認定の半生』
······················世織書房、2016 年

坂東克彦『新潟水俣病の三十年：ある弁護士の回想』
······················日本放送出版協会、2000 年

阪口由美『たたかい続けるということ：馬奈木昭雄聞き書き』
······················西日本新聞社、2012 年

千場茂勝『沈黙の海：水俣病弁護団長のたたかい』
······················中央公論新社、2003 年

渡辺京二『死民と日常：私の水俣病闘争』
······················弦書房、2017 年

吉井正澄『「じゃなかしゃば」新しい水俣』
······················藤原書店、2017 年

鬼塚巌『おるが水俣』
······················現代書館、1986 年

**資料・記録**

水俣病研究会編『水俣病事件資料集：1926-1968』
······················葦書房、1996 年

有馬澄雄編『水俣病：20 年の研究と今日の課題』
······················青林舎、1979 年

花田昌宣・山本尚友監修、新日本窒素労働組合機関紙『さいれん』
····復刻版全 24 巻、柏書房、2010 年〜 2013 年

**写真集**

塩田武史『僕が写した愛しい水俣』
······················岩波書店、2008 年

桑原史成『水俣事件 The MINAMATA Disaster：桑原史成写真集』
······················藤原書店、2013 年

ユージン・スミス『ユージン・スミス写真集』
······················クレヴィス、2017 年

宮本成美『まだ名付けられていないものへまたは、すでに忘れられた名前のために：宮本成美・水俣写真集』
······················現代書館、2010 年

芥川仁『水俣　厳存する風景』
······················相思社、1980 年

# 水俣の今　～「失敗の教訓」を将来に活かす～

### もやい直しから環境首都へ

1956（昭和31）年5月の水俣病公式確認から半世紀余、67年を過ぎてもなお、水銀に汚染された魚介類を摂取した被害者は、国、熊本県、原因企業チッソと戦い続けなければいけない状況が続いています。

水俣湾公害防止環境復元事業として行われた水俣湾埋め立て事業の完了と前後して、1990年代初頭から、水俣市では、チッソ、水俣病患者、市民が、水俣市の環境再生と新たなまちづくりをめざし、もやい直し事業が取り組まれました。

水俣には、豊かな自然、山と海、それをつなぐ川があります。その自然を壊すことのないように配慮した安全、安心のものづくりと暮らし方を見直すために、1992（平成4）年の「環境モデル都市宣言」以降、行政と市民・事業者によって、さまざまな取り組みが模索されてきました。「村が化粧を始めた」ともいわれる「村丸ごと生活博物館」の取り組みは、頭石、大川、越木場、久木野の4地域で、地域の生活文化に根差した人と人、人と自然のつながりを大切にして、展開されてきました。さらに、久木野では、旧JR山野線の久木野駅跡地を利用して、1994年に立てられた愛林館を核に、「エコロジー（風土・循環・自立）に基づくむらおこし」をテーマに水源の森づくり、働くアウトドア、棚田のあかり、家庭料理大集合、しし鍋マラソンなど地域に密着した取り組みが続けられています。

また、全国から注目され続けている「ごみの22分別（2023年4月現在）」に象徴される市民と行政・事業者が一体となった廃棄物に関する継続的な燃やすごみ、埋め立てごみ、資源の有効利用（リサイクル）にとどまることなく、中学生を巻き込み、地域における人と人の絆を深め、リサイクルから2R（リユース、リデュース）への転換を意識した取り組みに発展しています。

水俣市は2011年3月、環境首都コンテスト全国ネットワークが主催する第10回「日本の環境首都コンテスト」において、「環境首都」の称号を全国の自治体の中で、初めて獲得しました。

### ほど遠い被害者救済

2010年水俣病被害者の救済及び水俣病問題の解決に関する特別措置法（以下、特措法）の施行に伴い、被害者救済においては地域や年齢によって、救済が受けられないという分断が起きて

います。2023（令和5）年9月ノーモア・ミナマタ近畿第2次国家賠償等請求訴訟大阪地裁判決では、原告勝訴の判決が出されました。

　また、特措法により、水俣病被害地域への国の財政支援が強化されることになりました。2011（平成23）年に東京の学識者とコンサルタントによる「みなまた環境まちづくり研究会」が報告書を取りまとめました。市長の交代もあり、水俣市の行政施策の優先順位が見直され、水俣病や環境は後回しにされてきました。水俣市の担当部署から水俣病の名前が消され、市議会の公害環境対策特別委員会から公害の名前が外されました。もやい直しに始まる市民が主体的に関わってきた水俣のまちづくりに後退感がみられます。

　環境省の財政支援の中で、2008年に国の「環境モデル都市」に採択されて、低炭素社会への取り組みが進められていますが、その一方で、数年前から、芦北町から水俣市にかけての山間部に巨大風力発電所の建設が計画され、熊本県条例に基づいて、粛々と環境影響評価が進められています。計画通り建設されれば、3事業合計約26万Kwの発電量は、日本でも最大級の陸上風力発電地域となります。

　山間部に巨大な風力発電を建設することにより、大雨による土砂災害の発生や、水源涵養林への悪影響、低周波騒音等による健康被害、クマタカの営巣への支障や生態系への悪影響、景観破壊や建設工事車両による交通機能のマヒなど市民生活への悪影響が指摘されています。再生可能エネルギーとはいえ、発電された電力を全て都市部に送る計画は、水俣市のまちづくりから無縁です。

　先行するJパワー（電源開発株式会社）の（仮称）肥薩ウインドファームの計画は、環境影響評価準備書が公表され、水俣市民だけでなく、水俣市や熊本県からも厳しい意見が出され、今後どのように環境影響評価書が取りまとめられて、建設申請が行われるのか、予定地の大半が県有林のため、熊本県の対応が注目されることになります。

　今こそ、「失敗の教訓」をどのように活かしていくのかが、問われています。

# 熊本学園大学水俣学現地研究センター

Map1 F-5

　2005（平成17）年4月に発足した熊本学園大学水俣学研究センター（熊本市中央区大江）と水俣現地をつなぐ研究拠点としての「水俣学現地研究センター」は、同年8月に開設されました。

　「水俣学」とは、専門の枠組みを超えた学際的な学問です。「素人」と「専門家」の枠組みを越え、すべての生活者に開かれた学問です。豊富な真実のある現場に根ざした学問です。一人ひとりの生き方を問い直す学問です。全ての成果を地元に還元し、世界に発信する学問です。

　水俣病被害の多面性に着目した問題解決のための包括的研究、環境負債を克服し地域再構築にむけた評価および民主主義的合意形成を目指す社会的実証研究、水俣学アーカイブを通した知の集積と国際的情報発信拠点の形成という3つを柱とするプロジェクトを展開しています。

　2009年から文献資料目録を「水俣学データベース」としてホームページ上に公開しました。中でも特筆すべき資料は、新日本窒素労働組合旧蔵資料です。水俣病第一次訴訟において患者側の証言台に立ち自らの企業の罪を告発した新日本窒素労働組合の資料は、元組合員たちによって整理され、水俣学現地研究センターで閲覧することができます。また、映像や写真から水俣を知ることができる「水俣学アーカイブ」をホームページで公開しています。

　毎年秋には、地域に開かれたセンターを目指し、市民を対象に「公開講座」を開催しています（受講料無料）。また、「健康・医療・福祉相談」は第2・4火曜日に予約制で行っています。

　本センターは、文部科学省のオープン・リサーチ・センター整備事業（2005〜2009年度）、私立大学戦略的研究基盤形成支援事業（2010〜2014年度、2015〜2019年度）に採択されています。熊本学園大学水俣学研究センターの研究員・大学院生の研究拠点であると同時に、国内外の研究者にも広く開放された施設として利用され、また地元市民の皆さんにも気軽に足を運ぶことができる交流の場として活用されることを願っています。

開館日：火曜日〜金曜日
開館時間：10：00〜16：00
駐車場10台分有
〒867-0065　水俣市浜町2-7-13
TEL 0966-63-5030
FAX 0966-83-8883
E-mail: m-genchi@kumagaku.ac.jp

| 編集委員 | 中地 重晴 | 取材協力 | 大澤 愛子 |
|---|---|---|---|
| | 花田 昌宣 | | 福田 恵子 |
| | 田尻 雅美 | | 藤本 延啓 |
| | 井上 ゆかり | | 矢野 治世美 |
| 執筆者 | 梅田 卓治 | 写真提供 | 熊本日日新聞社 |
| | 高木 実 | | 鬼塚 巌 |
| | 田中 睦 | | 塩田 武史 |
| | 富樫 貞夫 | | 松崎 忠男 |
| | 中村 秀之 | | |
| | 中村 雄幸 | | |
| | 濱口 尚子 | | |
| | 原田 正純 | | |
| | 宮北 隆志 | | |
| | 山下 善寛 | | |

熊本学園大学・水俣学ブックレット　No.18

ガイドブック
# 水俣病を学ぶ、水俣の歩き方　新版

2024（令和6）年3月31日　初版発行

**発行**　　　　熊本日日新聞社

**編集**　　　　熊本学園大学水俣学研究センター
　　　　　　　〒862－8680　熊本市中央区大江2丁目5番1号
　　　　　　　TEL 096（364）8913

**制作・発売**　熊日出版（熊日サービス開発㈱）
　　　　　　　〒860－0827　熊本市中央区世安1丁目5番1号
　　　　　　　TEL 096（361）3274

**表紙デザイン**　ウチダデザインオフィス

**印刷**　　　　シモダ印刷株式会社

ISBN978-4-87755-658-7 C0336